Abdulnabi J. Abed
Ishraq Abdalammer

Imunologia , microbiologia, resposta imunitária

Abdulnabi J. Abed
Ishraq Abdalammer

Imunologia , microbiologia, resposta imunitária

ScienciaScripts

Imprint

Cover image: www.ingimage.com

This book is a translation from the original published under ISBN 978-620-2-30930-1.

Publisher:
Sciencia Scripts
is a trademark of
Dodo Books Indian Ocean Ltd. and OmniScriptum S.R.L publishing group

120 High Road, East Finchley, London, N2 9ED, United Kingdom
Str. Armeneasca 28/1, office 1, Chisinau MD-2012, Republic of Moldova, Europe
Printed at: see last page
ISBN: 978-620-8-29935-4

ÍNDICE

Capítulo 1

IMUNOLOGIA: História e pioneiros

1.1926 Lloyd Felton & GH Bailey, Isolamento de anticorpo puro

2.1958-62 Jean Dausset et al., Preparação de antigénios leucocitários humanos

3-1959-62 Rodney Porter et al., Descoberta do anticorpo

4-1862 Ernst Haeckel, Reconhecimento da fagocitose

5- 1934-8 John Marrack, estrutura da hipótese de ligação antigénio-anticorpo

6-1877 Paul Erlich, reconhecimento de mastócitos

7-1936 Peter Gorer, Identificação do antigénio H-2 em ratos

8-1959 James Gowans, Circulação de linfócitos

9-1879 Louis Pasteur, Vacina atenuada contra a cólera das galinhas

10-1940 Karl Lansteiner & Alexander Weiner, Identificação de

11-1961-62 Jaques Miller et al., Descoberta do desenvolvimento do timo a Envolvimento dos antigénios Rh na imunidade celular

12-1883 Elie Metchnikoff Teoria celular da vacinação

13-1941 Albert Coons, técnica de imunofluorescência

14-1961-62 Noel Warner et al., Distinction of cellular

15-1798 Edward Jenner, respostas imunitárias humorais

16-1885 Louis Pasteur, desenvolvimento da vacinação contra a raiva

17-1942 Jules Freund & Katherine McDermott, Adjuvantes

18-1963 Jaques Oudin et al., idiótipos de anticorpos

19-1888 Pierre Roux & Alexandre Yersin, Toxinas bacterianas

20-1942 Karl Landsteiner & Merill Chase, Transferência celular de sensibilidade em cobaias (anafilaxia)

21- 1964-8 Anthony Davis et al., Cooperação entre células T e B em

22-1888 George Nuttall, Ação bactericida da resposta imunitária do sangue

23-1944 Peter Medwar, Immunological hypothesis of allograft .

Capítulo 2

Introdução :Imunidade e sistema imunitário

Imunidade: é a capacidade do organismo de lutar contra microrganismos nocivos. O sistema imunitário produz anticorpos ou células que podem desativar os agentes patogénicos. Os fungos, os protozoários, as bactérias e os vírus são todos agentes patogénicos potenciais

O SISTEMA IMUNOLÓGICO é um sistema de estruturas e processos biológicos dentro de um organismo que protege contra doenças

Doença infecciosa: é aquela em que organismos minúsculos, invisíveis a olho nu, invadem e se multiplicam no corpo. Muitos destes organismos são contagiosos, ou seja, espalham-se entre pessoas em contacto próximo

Anticorpo uma proteína produzida em resposta a um antigénio.
antibiótico : é uma substância química derivada de um fungo ou de uma bactéria que mata os microrganismos e cura as infecções .

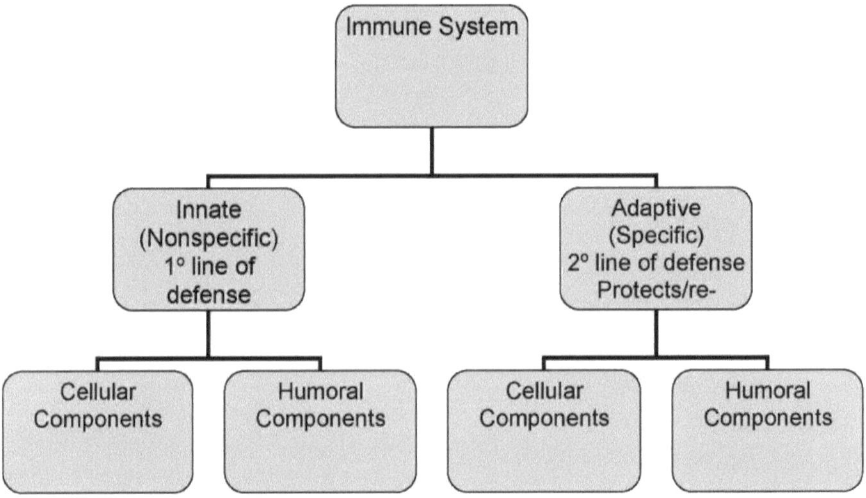

Fig. 1. Tipos de imunidade

A resposta imunitária

Uma resposta imunitária é o que o sistema imunitário faz quando confrontado com um antigénio.· Uma resposta imunitária é uma interação elaborada entre antigénio, defesas não específicas e linfócitos B e T.· O processo envolve contacto direto (células, moléculas ligam-se a receptores nas superfícies celulares) e citocinas (moléculas mensageiras) que também se ligam a receptores nas superfícies celulares.

As respostas imunitárias podem ser inatas (não adaptativas) ou adaptativas (adquiridas)

Resposta imunitária
Imunidade adaptativa: A imunidade adaptativa, que ocorre após a exposição a um antigénio (por exemplo, um agente infecioso), é específica e é mediada por anticorpos ou células linfóides. Pode ser passiva ou ativa.

Imunidade inata
A imunidade inata é a resistência pré-existente e não adquirida através do contacto com uma entidade não própria (estranha) conhecida como antigénio. É inespecífica e inclui barreiras a agentes infecciosos - por exemplo, pele e membranas mucosas, células fagocíticas, mediadores inflamatórios e componentes do complemento. Pode variar com a idade e com a atividade hormonal ou metabólica.

Imunidade ativa
A imunidade ativa é induzida após o contacto com antigénios estranhos (por exemplo, microrganismos ou seus produtos). Este contacto pode consistir numa infeção clínica ou subclínica, na imunização com agentes infecciosos vivos ou mortos ou com os seus antigénios, na exposição a produtos microbianos (por exemplo, toxinas, toxoides) ou no transplante de células estranhas. Em todos estes casos, o hospedeiro produz ativamente anticorpos e as células linfóides adquirem a capacidade de responder aos antigénios. As vantagens da imunidade ativa incluem a resistência a longo prazo (com base na memória do contacto anterior com o antigénio e na capacidade de responder mais rapidamente e em maior grau ao contacto subsequente com o mesmo antigénio); as desvantagens incluem o início lento da resistência e a necessidade de contacto prolongado ou repetido com o antigénio.

Imunidade passiva
A imunidade passiva é transmitida por anticorpos ou linfócitos pré-formados noutro hospedeiro. A administração passiva de anticorpos (em anti-soros) contra determinados vírus (por exemplo, hepatite B) pode ser útil durante o período de incubação para limitar a multiplicação viral, por exemplo, após uma picada de agulha em alguém que não tenha sido vacinado. A principal vantagem da imunização passiva com anticorpos pré-formados é a disponibilidade imediata de grandes quantidades de anticorpos; as desvantagens são o curto período de vida destes anticorpos e possíveis reacções de hipersensibilidade se forem administrados anticorpos (imunoglobulinas) de outra espécie.

Mecanismos da imunidade inata

Os sistemas imunitários inatos fornecem uma defesa imediata contra a infeção e encontram-se em todas as classes de vida vegetal e animal.

Componentes humorais

Component	Mechanism
Complement	Lysis of bacteria and some viruses Opsonin Increase in vascular permeability Recruitment and activation of phagocytic cells
Coagulation system	Increase vascular permeability Recruitment of phagocytic cells B-lysin from platelets – a cationic detergent
Lactoferrin and transferrin	Compete with bacteria for iron
Lysozyme	Breaks down bacterial cell walls
Cytokines	Various effects

Componentes celulares

Cell	Functions
Neutrophils	Phagocytosis and intracellular killing Inflammation and tissue damage
Macrophages	Phagocytosis and intracellular killing Extracellular killing of infected or altered self targets Tissue repair Antigen presentation for specific immune response
NK and LAK cells	Killing of virus-infected and altered self targets
Eosinophils	Killing of certain parasites

Capítulo 3

BARREIRAS DEFENSIVAS DA IMUNIDADE INATA:

PRIMEIRA LINHA:
1) Barreiras anatómicas

1- Pele intacta
2- Os pêlos das narinas
3- Reflexo de pestanejo e lágrimas
4-Secreção mucosa
5- Mucosas
6- Reflexo da tosse e dos espirros

2) pH químico e ácido na vagina do adulto

1-Enzimas hidrolíticas da saliva
2- Enzima proteolítica no intestino delgado
3- HCl do estômago
4- Lisozima nas lágrimas
5- Suor e secreção sebácea
Inibidores 6-bioquímicos

3. flora bacteriana normal:

1- Produção de substâncias inibidoras
2- Competição por nutrientes essenciais

Segunda linha de defesa do organismo :
1. CÉLULAS:

a) Células assassinas naturais (NK)

As células assassinas naturais representam uma população funcional distinta de linfócitos. Desempenham um papel na citotoxicidade celular dependente de anticorpos (ADCC) e têm um papel nas fases iniciais da infeção por vírus do herpes e outros agentes patogénicos intracelulares. Estas células diferenciam-se e amadurecem na medula óssea, nos gânglios linfáticos, no baço, nas amígdalas e no timo. Assemelham-se a linfócitos grandes e granulares, morfologicamente relacionados com as células T. Não exprimem receptores específicos de antigénios. Têm dois tipos de receptores de superfície, incluindo um "recetor de ativação" que reconhece ligandos de hidratos de carbono e um "recetor inibitório" que reconhece moléculas MHC de classe I. Podem lisar células-alvo que sofreram transformação maligna e podem desempenhar um papel na vigilância imunitária contra o estabelecimento de tumores. Podem matar certas células infectadas por vírus com níveis alterados de moléculas MHC de classe I. A atividade lítica das células NK é reforçada por níveis elevados de interferões alfa e beta.

As células assassinas naturais incluem alvos baseados no "eu desaparecido"

1- Dois tipos de receptores NK: inibitórios e activadores

2 - Se o recetor inibitório reconhecer uma proteína própria (uma molécula MHC de classe I) numa célula-alvo, a célula NK é desligada, mesmo que o recetor ativador ligue um ligando na mesma célula-alvo.

3-Se o recetor ativador se ligar a um ligando, mas o recetor inibidor não o fizer (a célula alvo tem proteínas MHC de classe I desreguladas), as células NK matam.

4-Muitas células infectadas por vírus e células tumorais reduzem a expressão das moléculas MHC de classe I (células NK importantes para a prevenção do cancro)

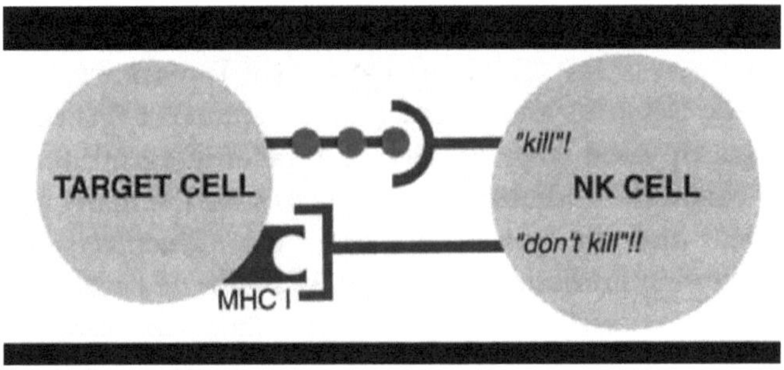

Figura 1. As células assassinas naturais interagem com o alvo

Funções

1- Vigilância das células tumorais

2- Ativação de NK e CTL induzida por citocinas

3- Citotoxicidade mediada por células dependente de anticorpos (ADCC).

Apoptose celular mediada por grânulos 4-citolíticos.

B: Fagócitos

1- Os fagócitos profissionais incluem células chamadas neutrófilos, monócitos, macrófagos, células dendríticas e mastócitos
2- Células que protegem o corpo ao ingerir partículas estranhas nocivas, bactérias e células mortas ou moribundas.

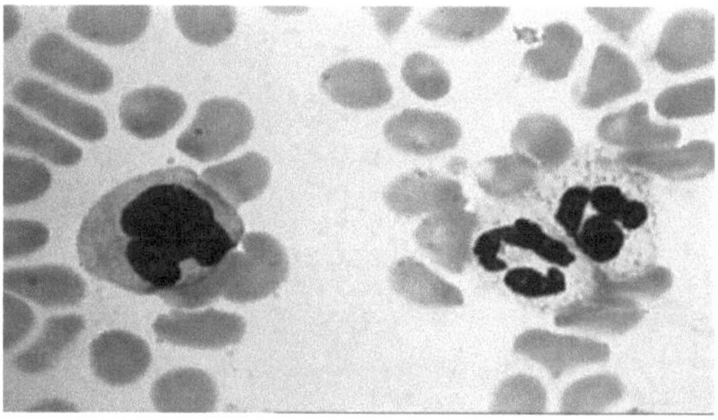

Figura 2. Filme de sangue mostrando um monócito (esquerda) e dois neutrófilos

FAGOCITOSE:

Elle Mechnikov foi o primeiro a observar a fagocitose por glóbulos brancos, tais como neutrófilos, macrófagos e outros tipos. As células predominantes que contribuem para a fagocitose são os neutrófilos, que surgem no início da infeção, enquanto os macrófagos são gerados a partir de monócitos quando saem da corrente sanguínea e entram no tecido infetado para se tornarem células fagocíticas, formando este tipo de macrófagos errantes. Há outro tipo de macrófagos, chamados macrófagos fixos ou histocitos, que se encontram nos gânglios linfáticos, no fígado, nos pulmões, no sistema nervoso e noutros tecidos.

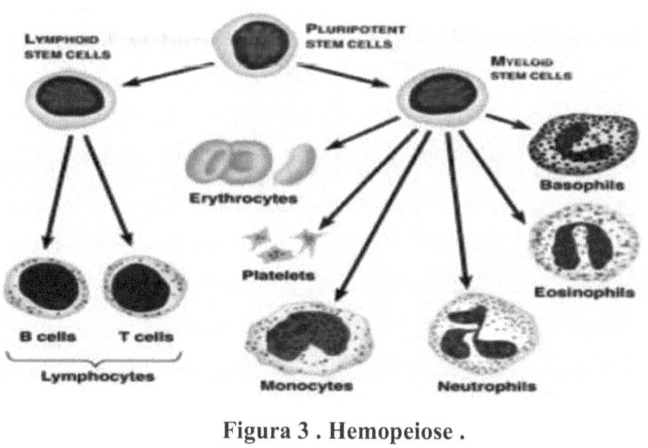

Figura 3 . Hemopeiose .

O termo fagocitose é de origem grega (phago=comer, cytosis significa células).
O processo inclui várias etapas :
I. Quimiotaxia e fixação:
a- Atração por substâncias quimio-tácticas (micróbios, tecidos danificados)

b- b- Fixação por receptores (como os TLRs) nas superfícies dos fagócitos.

II. Ingestão: Os pseudópodes dos fagócitos envolvem o organismo, formando o fagossoma. * A opsonina e os co-factores aumentam a fagocitose. * Fusão com os grânulos dos fagócitos e libertação do conteúdo digestivo e tóxico

III. Morte Digestão e morte pela lisozima

2. FACTORES SOLÚVEIS

1- Lactoperoxidase (Saliva

2- Lactoferrina, Transferrina (proteína de ligação do ferro)

3- Properdina (ativação do complemento)

4- Interferão (Proteínas contra infecções virais)

5- Complemento (proteínas no soro, fluidos corporais)
6- Proteínas de fase aguda (Proteínas plasmáticas, PCR=Proteína C reactiva, Fibrina.)

7- Lisozima (hidrolisa a parede celular)
8-Leite.

3. BARREIRAS INFLAMATÓRIAS:

1- Os factores químicos produzidos durante a inflamação são a histamina, a bradicinina, a serotonina, os leucotrienos e as prostaglandinas.

2- A inflamação é estimulada por factores químicos libertados pelas células lesadas e serve para estabelecer uma barreira física contra a propagação da infeção e para promover a cicatrização de qualquer tecido danificado após a eliminação dos agentes patogénicos.
3-As lesões tecidulares causadas por uma ferida ou por um microrganismo patogénico invasor induzem uma sequência complexa de acontecimentos conhecidos coletivamente como resposta inflamatória.

Capítulo 4

Órgãos linfóides

Órgãos do sistema imunitário: Um certo número de órgãos e tecidos morfológica e funcionalmente diversos têm várias funções no desenvolvimento das respostas imunitárias. Estes podem ser distinguidos por função como órgãos linfóides primários e secundários.

Órgãos linfóides primários

Medula óssea
O local de maturação das células B e da hematopoieseFunção: Responsável pela produção de células importantes do sistema imunitário, como as células B, granulócitos, células assassinas naturais e timócitos imaturos. Também produz plaquetas e hemácias.

Timo
Órgão bilateral situado no mediastino, atinge o seu desenvolvimento máximo durante a juventude, onde se formam os linfócitos T. A sua função: Gerar e selecionar as células T que protegerão o organismo das infecções.

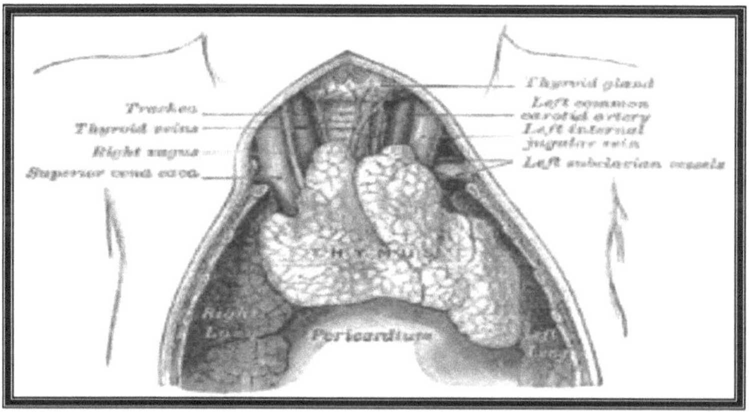

Figura 4. Glândula timo

Órgãos linfóides secundários

SPLEEN
O baço é um órgão do tamanho de um punho, logo atrás do estômago, que recolhe os antigénios do sangue. Também recolhe e elimina os glóbulos vermelhos senescentes. Apresenta uma organização clara. A maior parte do baço é composta por polpa vermelha, que é o local de eliminação dos glóbulos vermelhos. Os linfócitos rodeiam as arteríolas que entram no órgão, formando áreas de polpa branca, cuja região interna está dividida

numa bainha linfoide periarteriolar (PALS), que contém principalmente células T, e uma coroa de células B

O baço é um órgão do sistema imunitário composto principalmente por células T, células B, células assassinas naturais, macrófagos, células dendríticas e glóbulos vermelhos

É um local de produção de anticorpos e linfócitos activados, que são enviados para o sangue.

Função:

Filtra o sangue e aprisiona materiais estranhos (antigénio). 2 - Defesa contra os antigénios do sangue. A polpa vermelha é o local de destruição dos glóbulos vermelhos.

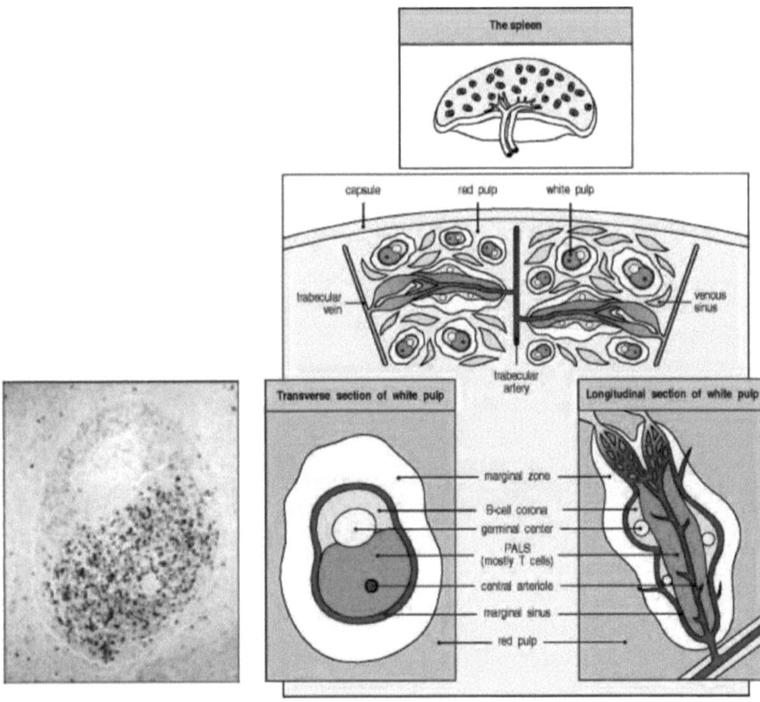

Figura 5. ESPELHO

NÓDULOS LÍMPICOS

Os gânglios linfáticos (erradamente chamados glândulas linfáticas) fazem parte do sistema linfático, um componente do sistema imunitário do corpo. Existem vários grupos de gânglios linfáticos no pescoço, que são pequenas estruturas encapsuladas em forma de feijão, distribuídas por todo o corpo ao longo do trajeto dos vasos linfáticos. Existe também um grande grupo de gânglios linfáticos no tórax e no abdómen, que por vezes se encontram aumentados nas radiografias e na TAC.

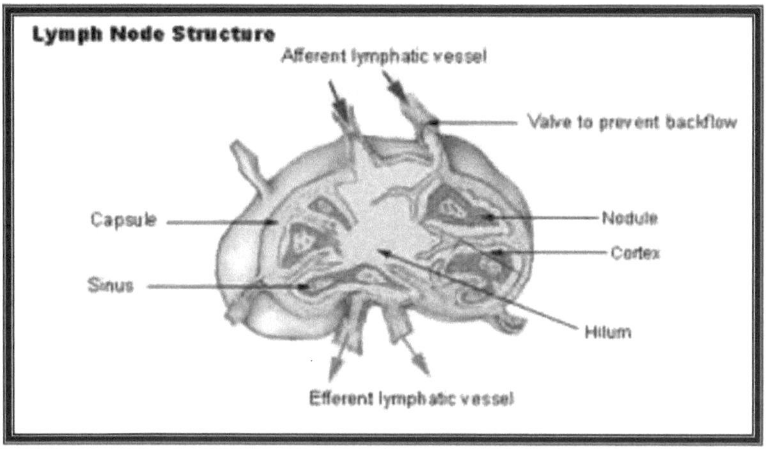

Figura 6: Estrutura dos gânglios linfáticos

São constituídos maioritariamente por células B, células T, macrófagos e células dendríticas. Função. Actuam como filtros imunológicos e drenam a linfa da maioria dos tecidos do corpo e filtram os antigénios neles presentes, antes de permitir que a linfa regresse à circulação. As células dos gânglios linfáticos são os linfócitos, que produzem anticorpos (partículas proteicas que se ligam a substâncias estranhas, incluindo partículas infecciosas) e os macrófagos, que digerem os resíduos. Actuam como células de "limpeza" do corpo.
Os gânglios linfáticos são um local importante onde substâncias estranhas e agentes infecciosos interagem com as células do sistema imunitário.

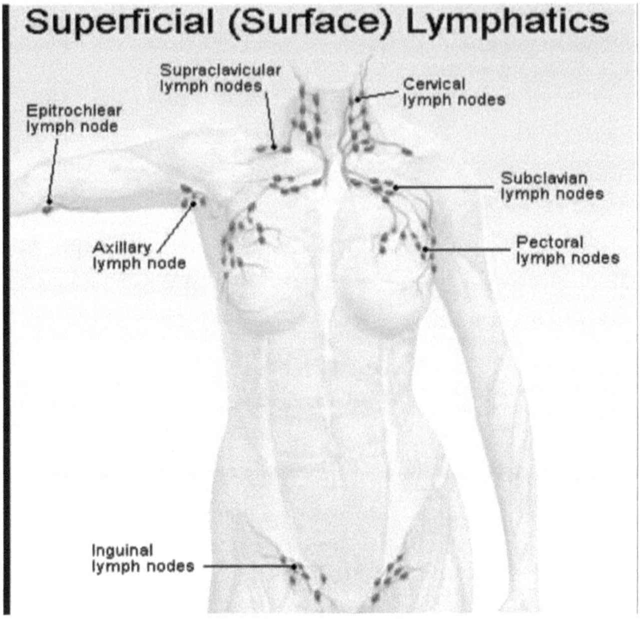

Figura 7. Distribuição dos gânglios linfáticos

Tecidos linfóides associados ao intestino

Os tecidos linfóides associados ao intestino incluem:

As amígdalas, adenóides e apêndice, para além de estruturas especializadas chamadas placas de Peyer no intestino delgado, recolhem o antigénio das superfícies epiteliais do trato gastrointestinal.

As amígdalas e os adenóides.

As amígdalas e as adenóides são massas de tecido linfoide situadas na parte posterior da garganta e na parte posterior da cavidade nasal, no local onde o nariz e a garganta se encontram. A superfície das amígdalas tem células M que detectam agentes patogénicos, bactérias, vírus e outros micróbios e desencadeiam uma resposta do sistema imunitário, activando as células B e T que residem nas amígdalas.

Função:
Retém as bactérias e os vírus do ar inalado

As adenóides são também tecido linfoide secundário e representam uma primeira linha de defesa contra agentes patogénicos, como bactérias e vírus. As amígdalas linguais, pequenas massas semelhantes a nódulos na base da língua, têm um significado e um papel semelhantes no sistema imunitário. As três estão frequentemente ligadas a mais tecido linfoide e formam uma estrutura em forma de anel que impede a entrada de bactérias e vírus no organismo.

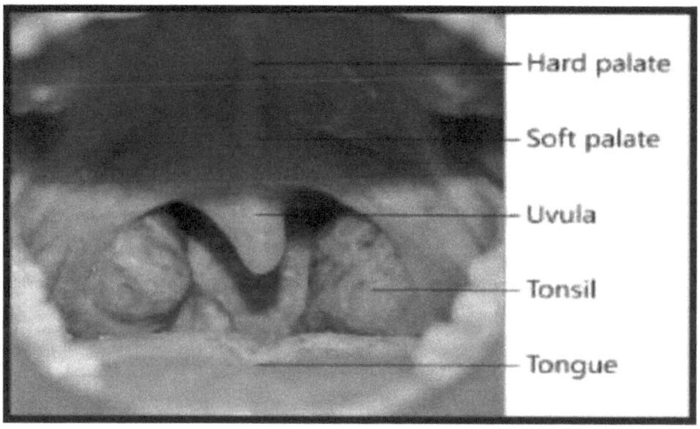

Figura 8. Amígdalas

APÊNDICE

É um órgão linfoide secundário que contém quantidades de tecido linfoide, rico em glóbulos brancos. Pensa-se que o apêndice alberga bactérias boas destinadas a restaurar a flora intestinal, caso esta seja destruída por uma infeção. As pessoas a quem foi retirado o apêndice são mais susceptíveis a infecções e doenças devido ao papel do apêndice no sistema imunitário. Foi referido que o apêndice é responsável pela ativação das células B e T para combater infecções e regular a segurança da saúde do aparelho digestivo através da sua resposta imunitária.

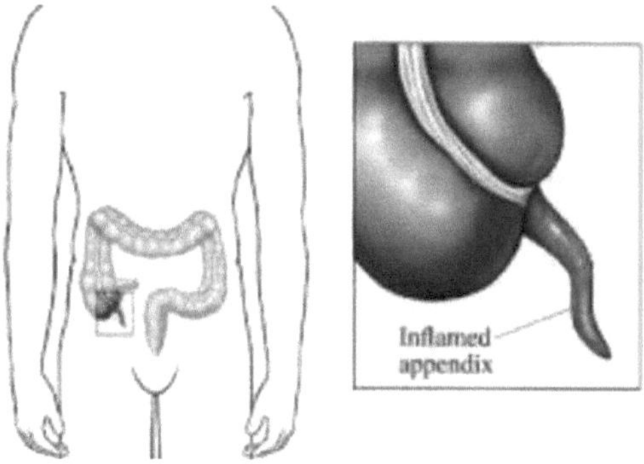

Figura 9. Apêndice, inflamado e normal

Anatomicamente, é um tubo fino, sem saída, com cerca de três a quatro centímetros de comprimento e que pende do ceco.

Funções: Ajuda a dizer aos linfócitos exatamente para onde devem ir para atacar a infeção e também aumenta as defesas do intestino grosso a uma série de medicamentos e alimentos.

PLACAS DE PEYER

Os nódulos de células linfáticas que se combinam para formar manchas ou feixes e aparecem geralmente apenas na parte inferior do intestino (íleo)

Nas placas de Peyer, que são as mais importantes e altamente organizadas do tecido linfoide associado ao intestino, o antigénio é recolhido por células epiteliais especializadas chamadas células . M. Os linfócitos formam um folículo constituído por uma grande cúpula central de linfócitos B rodeada por um número mais pequeno de linfócitos T

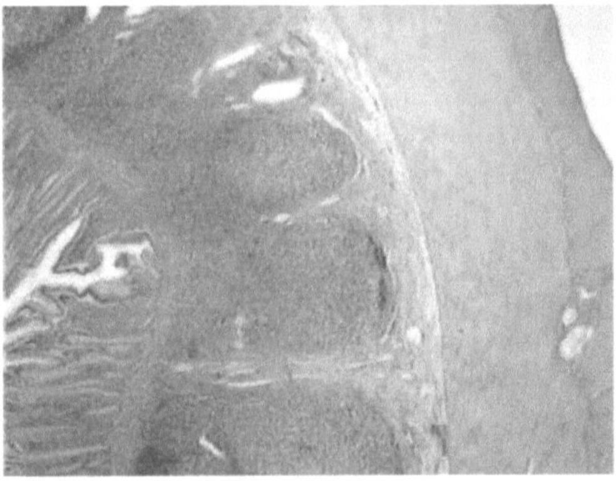

Figura 10. Tecido linfoide difuso intestinal

Funções:

Detectam antigénios, como bactérias e toxinas, e mobilizam glóbulos brancos altamente especializados, denominados células B, para produzir um anticorpo.

Capítulo 5

SISTEMA COMPLEMENTAR

Consiste em cerca de 20 proteínas que estão presentes no soro humano normal, sintetizadas principalmente pelo fígado

Sistema do Complemento para a Ação dos Anticorpos· O "Complemento" descreve um sistema de cerca de 20 proteínas, muitas das quais são precursores de enzimas Os principais intervenientes neste sistema são 11 proteínas designadas C1 a C9, B e D,· Todas elas estão presentes normalmente entre as proteínas plasmáticas do sangue, bem como entre as proteínas que extravasam dos capilares para os espaços teciduIares.· Os precursores de enzimas são normalmente inactivos, mas podem ser activados principalmente pela chamada via clássica.

Síntese de complementos

No fígado - aparecem na circulação fetal durante as primeiras 13 semanas

Função :

1- Responsável por certos aspectos da resposta imunitária e da resposta inflamatória .

2- Ativação: complexo antigénio-anticorpo ou endotoxina.

3- Série de cápsulas de proteínas activadas sequencialmente

4- Inativação: inibidores no plasma (curta duração) Efeitos biológicos: benéficos ou prejudiciais para o hospedeiro.

Componente importante das defesas inatas do hospedeiro

Três efeitos principais:

1- Lise das células (bactérias, aloenxertos, células tumorais)

2-Geração de mediadores da inflamação.

3-Opsonização - aumento da fagocitose

Vias de ativação dos componentes do complemento:

I.Via clássica O complemento é ativado pelo complexo antigénio-anticorpo (IgM ou IgG) - A porção Fc do anticorpo forma um local de ligação para C1q - A sequência numérica dos factores do complemento na via clássica é C1, C4, C2, C3, C5, C6, C7, C8, C9

A via clássica é iniciada por uma reação antigénio-anticorpo.

um sítio reativo específico na porção "constante" do anticorpo fica descoberto, ou "ativado", e este, por sua vez, liga-se diretamente à molécula C1 do sistema do complemento, pondo em marcha uma "cascata" de reacções sequenciais.

3- começando pela ativação da própria pró-enzima C1.

4- As enzimas C1 que se formam activam depois quantidades sucessivamente crescentes de enzimas nas fases posteriores do sistema, de modo que, a partir de um pequeno início, ocorre uma reação "amplificada" extremamente grande.

5- proteínas da via clássica C1· C1 existe no soro sanguíneo como um complexo molecular contendo^ 1 moléculas de C1q^ 2 moléculas de C1r* 2 moléculas de C1s

Via II-Lectina Muitas substâncias não relacionadas, desde químicos complexos (por exemplo, endotoxina) a agentes infecciosos (por exemplo, parasitas), activam uma via diferente.

1-C3 é clivada e é gerada uma C3 convertase através da ação dos factores B, D e properdina.

2-A C3 convertase alternativa (C3bBb) gera mais C3b.

3-O C3b adicional liga-se à C3 convertase para formar C3bBbC3b, que é a via alternativa da C5 convertase que gera C5b, levando à produção do complexo de ataque à membrana descrito acima.

III-Via alternativa ou via Properdin

As vias das lectinas e as vias alternativas são mais importantes na primeira vez que somos infectados por microrganismos porque os anticorpos necessários para ativar a via clássica ainda não estão presentes.

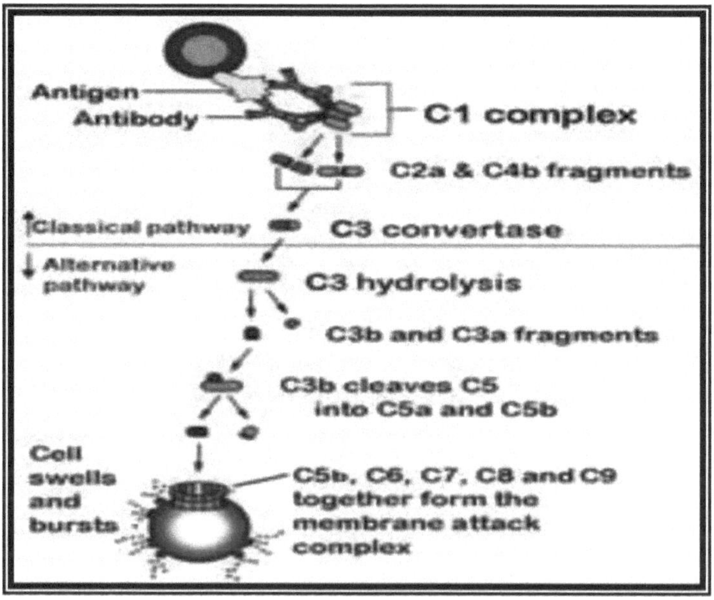

Figura 11. SISTEMA COMPLEMENTAR

O papel do sistema do complemento na doença

Pensa-se que o sistema do complemento pode desempenhar um papel em muitas doenças com uma componente imunitária.
1-Síndrome de Barraquer-Simons , asma, lúpus eritematoso, glomerulonefrite.

2- Várias formas de artrite, doença cardíaca autoimune, esclerose múltipla, doença inflamatória intestinal, hemoglobinúria paroxística nocturna, síndrome hemolítico-urémico atípico

3- Lesões de isquémia-reperfusão,

4- Rejeição de órgãos transplantados 5-O sistema do complemento está também cada vez mais implicado em doenças do sistema nervoso central, como a doença de Alzheimer e outras doenças neurodegenerativas, como as lesões da espinal medula.

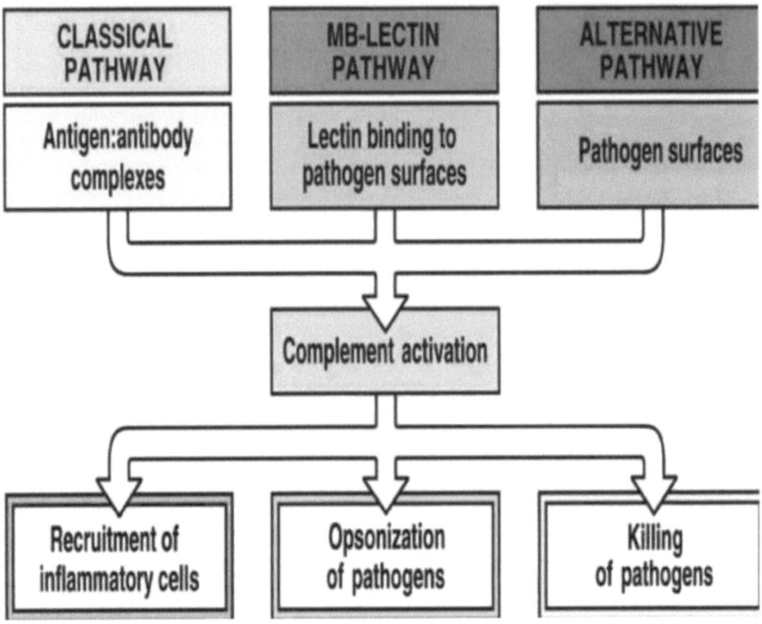

Figura 12._ Vias de ativação do complemento

EFEITOS BIOLÓGICOS DO COMPLEMENTO

A) **Citólise** - Destruição das células-alvo por lise da membrana celular. É designada citotoxicidade no caso das células nucleadas, hemólise no caso dos glóbulos vermelhos ou bacteriólise no caso das bactérias.

B) **Atividade das anafilotoxinas** Estimulação dos mastócitos para libertarem histamina e outras substâncias, o que resulta num aumento da permeabilidade capilar e na acumulação local de líquido no tecido.

C) Quimiotaxia [C5a, C5b67] Atração de neutrófilos polimorfonucleares (PMN) para um local de inflamação.

D) Opsonização [C3b] Facilitação da fagocitose por macrófagos ou PMN's através de receptores de superfície celular específicos para componentes do complemento ("receptores do complemento" ou "CRs") **E) Danos nos tecidos** Tanto o complexo lítico como os PMN's inflamatórios podem causar danos consideráveis nos tecidos normais, por exemplo numa Reação Artrítica ou numa Doença do Complexo Imunitário.

Capítulo 6

ANTIGENS

Os antigénios são macromoléculas que provocam uma resposta imunitária no - organismo. Os antigénios mais comuns são as proteínas e os polissacáridos. A palavra antigénio teve origem na noção de que estes podem estimular a produção de anticorpos. Atualmente, sabemos que o sistema imunitário não é constituído apenas por anticorpos. Outra definição de antigénio é a de todas as substâncias que podem ser reconhecidas pelo sistema imunitário adaptativo.

Imunogénio Embora todos os antigénios sejam reconhecidos por linfócitos específicos ou por anticorpos, apenas alguns antigénios são capazes de ativar os linfócitos. As moléculas que estimulam as respostas imunitárias são denominadas **imunogénios.**

Os epítopos ou determinantes antigénicos são regiões imunologicamente activas de um imunogénio (ou antigénio) que se ligam a receptores de membrana específicos do antigénio em linfócitos ou a anticorpos segregados. São também designados por **determinantes antigénicos.**

Os auto-antigénios, por exemplo, são os auto-antigénios de uma pessoa. Exemplos: Tiroglobulina, ADN, tecido córneo, etc.

Os aloantigénios são antigénios encontrados em diferentes membros da mesma espécie (os antigénios A e B dos glóbulos vermelhos são exemplos).

Os antigénios heterófilos são antigénios idênticos encontrados nas células de diferentes espécies. Exemplos: Antigénio de Forrssman, antigénios microbianos de reação cruzada, etc.

Os adjuvantes são substâncias que não são imunogénicas por si só, mas que aumentam a imunogenicidade de qualquer imunogénio adicionado.

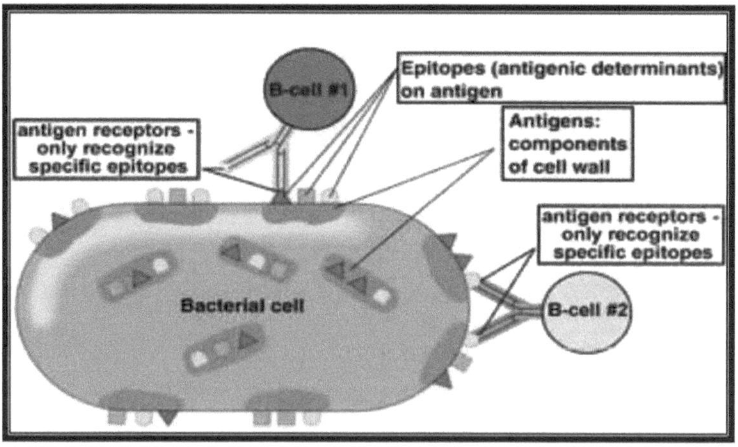

Figura 13. Receptores de antigénios

NATUREZA QUÍMICA DOS IMUNOGÉNIOS

A. Proteínas

A grande maioria dos imunogénios são proteínas. Estas podem ser proteínas puras ou podem ser glicoproteínas ou lipoproteínas. Em geral, as proteínas são muito bons imunogénios.

B. Polissacáridos

Os polissacáridos puros e os lipopolissacáridos são bons imunogénios.

C. Ácidos nucleicos

Os ácidos nucleicos são geralmente pouco imunogénicos. No entanto, podem tornar-se imunogénicos quando são de cadeia simples ou quando estão complexados com proteínas.

D. Lípidos

Em geral, os lípidos não são imunogénicos, embora possam ser haptenos.

TIPOS DE ANTIGÉNIOS

Com base na ordem da sua classe (Origem)

1. Antigénios exógenos

- Estes antigénios entram no corpo ou no sistema e começam a circular nos fluidos corporais, sendo capturados pelas APC (células de processamento de antigénios, tais como macrófagos, células dendríticas, etc.)
- A absorção destes antigénios exógenos pelas APCs é principalmente mediada pela fagocitose
- Exemplos: bactérias, vírus, fungos, etc.
- Alguns antigénios começam por ser exógenos, tornando-se mais tarde endógenos (por exemplo, vírus intracelulares)

2. Antigénios endógenos

- Trata-se de células ou subfragmentos ou compostos do próprio organismo ou de produtos antigénicos que são produzidos.
- Os antigénios endógenos são processados pelos macrófagos que são posteriormente aceites pelas células T citotóxicas.
- Os antigénios endógenos incluem antigénios xenogénicos (heterólogos), autólogos e idiotípicos ou alogénicos (homólogos).
- Exemplos: Antigénios de grupos sanguíneos, HLA (antigénios de histocompatibilidade de leucócitos), etc.

3. Autoantigénios

- Um auto-antigénio é normalmente uma proteína normal ou um complexo de proteínas (e, por vezes, ADN ou ARN) que é reconhecido pelo sistema imunitário dos doentes que sofrem de uma doença autoimune específica

- Estes antigénios não deveriam ser, em condições normais, o alvo do sistema imunitário, mas, devido principalmente a factores genéticos e ambientais, a tolerância imunológica normal para este tipo de antigénio perdeu-se nestes doentes.

-Exemplos : Nucleoproteínas, ácidos nucleicos, etc.

Antigénio dividido com base na resposta imunitária a:

1. Antigénio ou imunogénio completo

- Possuem propriedades antigénicas denovo, ou seja, são capazes de gerar uma resposta imunitária por si só.
- Peso molecular elevado (superior a 10 000)
- Podem ser proteínas ou polissacáridos

2. Antigénio ou hapteno incompleto

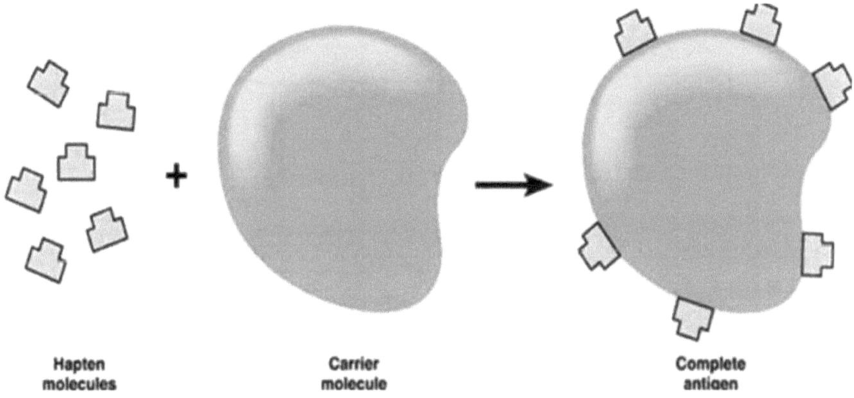

Figura 14. Antigénio incompleto

- Trata-se de substâncias estranhas, geralmente substâncias não proteicas

-Incapazes de induzir uma resposta imunitária por si só, requerem um portador molécula para atuar como um antigénio completo.

- A molécula transportadora é um componente não antigénico e ajuda a provocar a resposta imunitária. Exemplo: Proteínas séricas como a albumina ou a globulina.
- Baixo peso molecular (inferior a 10.000)
- Os haptenos podem reagir especificamente com o anticorpo correspondente.

- Exemplos: Polissacarídeo capsular do pneumococo, polissacárido "C" de estreptococos beta hemolíticos, antigénios de cardiolipina, etc.

Determinantes da antigenicidade

A totalidade do antigénio não evoca uma resposta imunitária e apenas uma pequena parte induz uma resposta das células B e T.

A pequena área de agrupamento químico na molécula de antigénio que determina a resposta imunitária específica e reage especificamente com o anticorpo é designada por ***determinante antigénico.*** Existem vários tipos de determinantes antigénicos, incluindo :

1. determinante linear: este tipo inclui determinantes acessíveis e não acessíveis que sofrem desnaturação e se ligam aos respectivos loci de anticorpos.

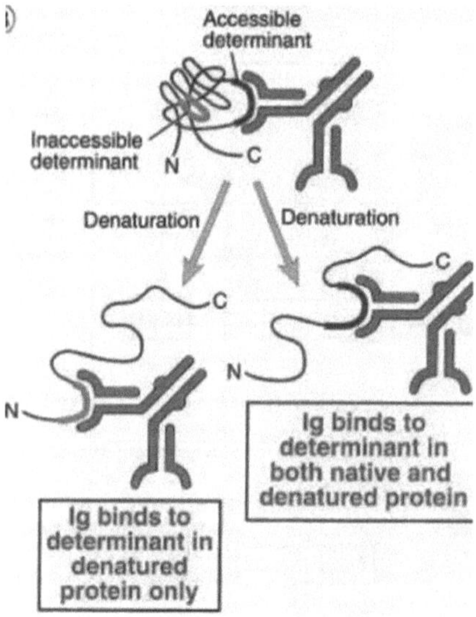

2. determinante conformacional . A desnaturação deste tipo de antigénio causa perda de determinante.

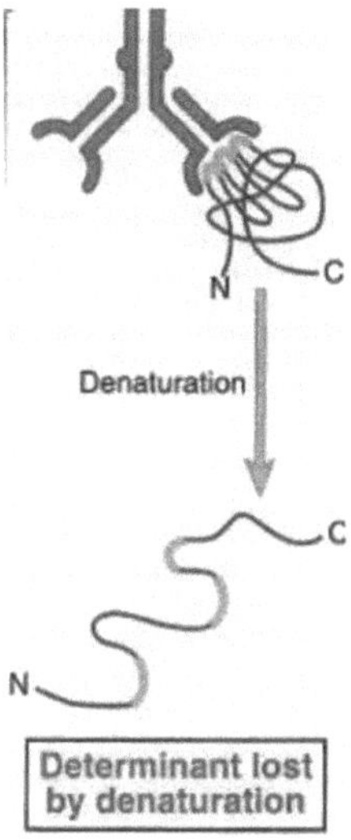

3. Determinante neoantigénico; este tipo é criado por lise enzimática

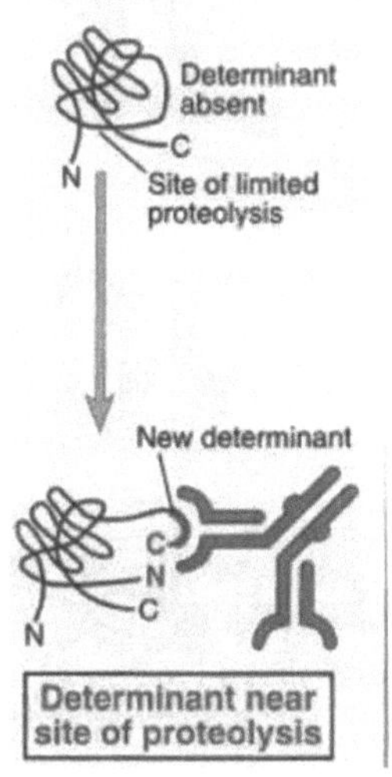

Propriedade dos antigénios/ Factores que influenciam a imunogenicidade

A imunogenicidade é determinada por vários factores:

1. Estrangeirismo

- Um antigénio deve ser uma substância estranha ao animal para provocar uma resposta imunitária.

2. Tamanho molecular

- Os imunogénios mais activos tendem a ter uma massa molecular de 14.000 a 6.00.000 Da.

- Exemplos: o toxoide do tétano, a albumina do ovo e a tiroglobulina são altamente antigénicos.

- A insulina (5700) não é antigénica ou é fracamente antigénica.

3. Natureza química e composição

- Em geral, quanto mais complexa for a substância do ponto de vista químico, mais imunogénica será.

- Os antigénios são principalmente proteínas e alguns são polissacáridos.

- Presume-se que a presença de um radical aromático é essencial para a rigidez e a antigenicidade de uma substância.

4. Forma física

- Em geral, os antigénios particulados são mais imunogénicos do que os solúveis.

- Os antigénios desnaturados são mais imunogénicos do que a forma nativa.

5. Especificidade do antigénio

- A especificidade dos antigénios depende dos locais activos específicos nas moléculas antigénicas (determinantes antigénicos).

- Os determinantes antigénicos ou epítopos são as regiões do antigénio que se ligam especificamente à molécula de anticorpo.

. Especificidade das espécies

- Os tecidos de todos os indivíduos de uma determinada espécie possuem um antigénio específico da espécie.

- As proteínas do sangue humano podem ser diferenciadas das proteínas animais através de uma reação específica antigénio-anticorpo.

7. Especificidade dos órgãos

- Os antigénios específicos de órgãos estão confinados a um determinado órgão ou tecido.
- Certas proteínas do cérebro, do rim, da tiroglobulina e da proteína do cristalino de uma espécie partilham a especificidade com a de outra espécie.

8. Auto-especificidade

- Os antigénios autólogos ou próprios não são normalmente imunogénicos, mas em determinadas circunstâncias a proteína do cristalino, a tiroglobulina e outros podem atuar como ***autoantigénios.***

9. Factores genéticos

- Algumas substâncias são imunogénicas numa espécie, mas não noutra, do mesmo modo que algumas substâncias são imunogénicas num indivíduo, mas não noutros (ou seja, respondedores e não respondedores).
- As espécies ou indivíduos podem não ter ou ter genes alterados que codificam os receptores de antigénio nas células B e nas células T.
- Podem não ter os genes adequados necessários para que a APC apresente o antigénio às células T auxiliares.

10. Idade

- A idade também pode influenciar a imunogenicidade.
- Normalmente, os muito jovens e os muito idosos têm uma capacidade diminuída de provocar uma resposta imunitária em resposta a um imunogénio.

11. Degradabilidade

- Os antigénios que são facilmente fagocitados são geralmente mais imunogénicos.
- Isto deve-se ao facto de, para a maioria dos antigénios (antigénios dependentes de T), o desenvolvimento de uma resposta imunitária exigir que o antigénio seja fagocitado, processado e apresentado às células T auxiliares por uma célula apresentadora de antigénios (APC).

12. Dose do antigénio

- A dose de administração de um imunogénio pode influenciar a sua imunogenicidade.
- Existe uma dose de antigénio acima ou abaixo da qual a resposta imunitária não será óptima.

13. Via de administração

- Geralmente, a via subcutânea é melhor do que as vias intravenosa ou intragástrica.
- A via de administração do antigénio também pode alterar a natureza da resposta.
- O antigénio administrado por via intravenosa é transportado primeiro para o baço, enquanto o antigénio administrado por via subcutânea se desloca primeiro para os gânglios linfáticos locais.

14. Adjuvantes

- As substâncias que podem melhorar a resposta imunitária a um imunogénio são denominadas adjuvantes.
- No entanto, a utilização de adjuvantes é frequentemente dificultada por efeitos secundários indesejáveis, como febre e inflamação.

- Exemplo: hidróxido de alumínio.

•

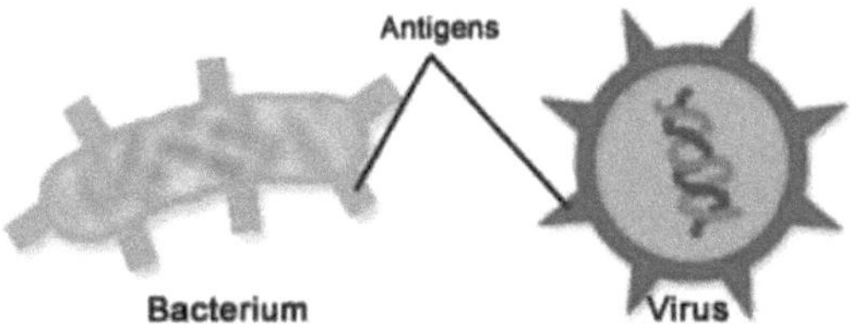

•

antigénio do pólen
os polipéptidos essenciais do pólen das plantas extraídos com um menstruo adequado, utilizados no diagnóstico, na profilaxia e na dessensibilização da febre dos fenos.

antigénio de reação cruzada
1. Um anticorpo que se combina com um anticorpo produzido em resposta a uma doença diferente mas relacionada
devido à semelhança dos determinantes antigénicos.
2. antigénios idênticos em duas estirpes bacterianas, de modo que os anticorpos produzidos contra uma estirpe reagem com a outra.

Capítulo 7

Anticorpos (Imunoglobulinas)

O anticorpo (Ab), também conhecido como imunoglobulina (Ig), é a grande proteína em forma de Y produzida pelo sistema imunitário do corpo quando este detecta substâncias nocivas, chamadas antigénios, como bactérias e vírus. A produção de anticorpos é uma função importante do sistema imunitário e é realizada por um tipo de glóbulo branco chamado célula B (linfócito B), células B diferenciadas chamadas células plasmáticas. Os anticorpos produzidos ligam-se a antigénios específicos expressos em factores externos e células cancerígenas.

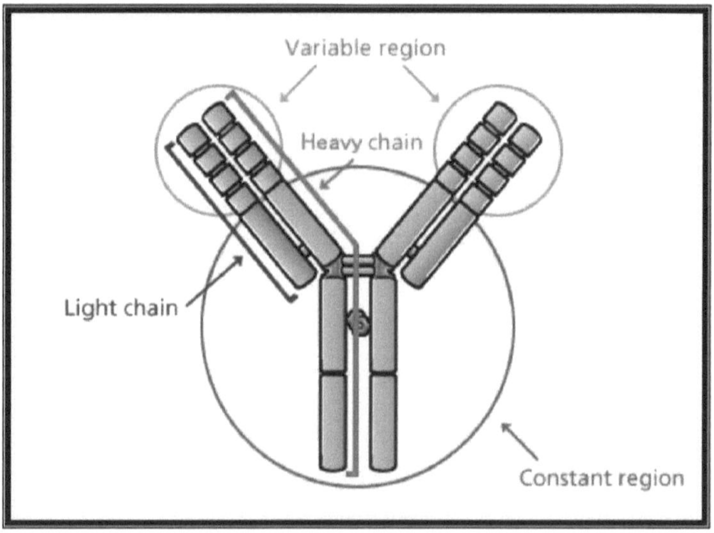

Figura 15. Estrutura do anticorpo

Correntes leves

As cadeias leves são compostas por regiões variáveis e constantes. A região constante, **kappa** ou **lambda**, distingue as duas classes de cadeias leves. Uma única molécula de anticorpo terá duas cadeias leves kappa ou duas cadeias leves lambda, mas nunca uma mistura das duas. Nos seres humanos, a cadeia leve predominante é a kappa. Embora

as cadeias lambda são invariantes na população, as cadeias kappa demonstram alotipia. A alotipia refere-se à presença de formas alélicas da mesma proteína na população. **Os alotipos** da cadeia kappa são designados por Km.

Correntes pesadas

As cadeias pesadas são compostas por uma região variável e uma região constante. Podem distinguir-se cinco classes principais de cadeias pesadas com diferentes regiões constantes, designadas pelas letras gregas alfa (α), delta (δ), epsilon (ε), gama (γ) ou mu (μ).

Estas regiões constantes dão origem aos isótipos de anticorpos IgA, IgD, IgE, IgG e IgM, respetivamente. As formas alotípicas das cadeias pesadas de IgA e IgG dão origem aos alótipos designados Am e Gm, respetivamente

Função dos anticorpos

1. As IgG proporcionam uma proteção a longo prazo porque persistem durante meses e anos após a presença do antigénio que desencadeou a sua produção.
2. As IgG protegem contra bactérias e vírus, neutralizam toxinas bacterianas, activam sistemas de proteínas complementares e ligam-se a antigénios para aumentar a eficácia da fagocitose.
3. A principal função da IgA é ligar os antigénios dos micróbios antes de estes invadirem os tecidos. Agrega os antigénios e mantém-nos nas secreções, pelo que, quando a secreção é expelida, o antigénio também o é.
4. As IgA são também a primeira defesa das superfícies mucosas, como os intestinos, o nariz e os pulmões.
5. A IgM está envolvida nos antigénios do grupo sanguíneo ABO na superfície das hemácias.
6. As IgM aumentam a ingestão de células por fagocitose.
7. As IgE ligam-se aos mastócitos e aos basófilos, que participam na resposta imunitária.
8. Alguns cientistas pensam que o objetivo da IgE é travar os parasitas.
9. A IgD está presente na superfície das células B e desempenha um papel na indução da produção de anticorpos.

Fragmentos de imunoglobulina

Os anticorpos são proteínas plasmáticas globulares pesadas (~150 kDa). A estrutura básica de todos os anticorpos é a mesma.

Existem quatro cadeias polipeptídicas: duas cadeias **pesadas** idênticas e duas **cadeias leves** idênticas ligadas por ligações dissulfureto. A cadeia leve (L) consiste em polipéptidos com cerca de 22 000 Da e a cadeia pesada (H) consiste em polipéptidos maiores com cerca de 50 000 Da ou mais. Existem cinco tipos de cadeias **pesadas** de Ig (em mamíferos) designadas pelas letras gregas: α, δ, ε, γ e μ. Existem dois tipos de **cadeia leve** de Ig (em mamíferos), que são denominados lambda (λ) e kappa (κ).

Um anticorpo é composto por uma região variável e uma região constante, sendo que a região que muda para várias estruturas dependendo das diferenças nos antigénios é chamada de **região variável** e a região que tem uma estrutura constante é chamada de **região constante.**

Cada cadeia pesada e leve de uma molécula de imunoglobulina contém uma região variável (V) amino-terminal que consiste em 100 a 110 aminoácidos e que difere de um anticorpo para outro.
A parte restante de cada cadeia da molécula - a região constante (C) - apresenta uma variação limitada que define os dois subtipos de cadeias leves e as cinco subclasses de cadeias pesadas. Algumas cadeias pesadas (α, δ, γ) contêm também uma região de charneira rica em prolina. As porções amino-terminais, correspondentes às regiões V, ligam-se ao antigénio; as funções efectoras são mediadas pelos domínios carboxi-terminais. As cadeias pesadas ε e μ, que não possuem uma região de charneira, contêm um domínio adicional no meio da molécula. CHO indica um grupo de hidratos de carbono ligado à cadeia pesada.

Classes de imunoglobulinas

Existem cinco classes de imunoglobulinas (isotipos) de moléculas de anticorpos encontradas no soro: IgG, IgM, IgA, IgE e IgD. Estas distinguem-se pelo tipo de cadeia pesada que contêm. As moléculas de IgG possuem cadeias pesadas conhecidas como cadeias Y; as IgMs têm cadeias μ; as IgAs têm cadeias a; as IgEs têm cadeias ε; e as IgDs têm cadeias δ. A variação nos polipéptidos de cadeia pesada permite que cada classe de imunoglobulina funcione num tipo diferente de resposta imunitária ou durante uma fase diferente da defesa do organismo. As sequências de aminoácidos que conferem estas diferenças funcionais estão localizadas principalmente no domínio Fc.

Existem cinco classes de imunoglobulinas (isotipos) de moléculas de anticorpos encontradas no soro::
1-IgA (imunoglobina A)

2-IgD (imunoglobina D)

3- IgE (imunoglobina E)

4-IgG (imunoglobina G)

5-IgM (imunoglobina M)

Subclasses de imunoglobulinas

As imunoglobulinas são ainda divididas em quatro subclasses designadas IgG1, IgG2, IgG3 e IgG4 (enumeradas por ordem decrescente de abundância no soro). Partilham mais de 95% de homologia de sequência nas regiões CH das cadeias pesadas γ. Existem também duas subclasses de IgA: IgA1 (90%) e IgA2 (10%). A IgA sérica é um monómero, mas encontra-se em secreções como as lágrimas, o muco e a saliva como um dímero. Nas secreções, a IgA tem uma cadeia J e outra proteína chamada peça secretora (ou peça T) associada a ela. Para além disso, sabe-se que existem várias subclasses de cadeias leves κ e λ

Propriedades das imunoglobulinas

Generalidades. As propriedades físico-químicas das imunoglobulinas estão resumidas a seguir:

1-Todas as imunoglobulinas parecem ser glicoproteínas, mas o teor de hidratos de carbono varia entre 2-3% para a IgG e 12-14% para a IgM, IgD e IgE.

2- A diversidade da estrutura das diferentes classes sugere que desempenham funções diferentes, para além da sua função primária de ligação ao antigénio.

3 - Cada classe possui um tipo caraterístico de cadeia pesada. Assim, a IgG possui cadeias g; a IgM, cadeias m; a IgA, cadeias acin, a IgD, cadeias d e a IgE, cadeias e.

4-Variação na estrutura da cadeia pesada dentro de uma classe dá origem a subclasses de imunoglobulinas. Por exemplo, o pool de IgG humana consiste em quatro subclasses que reflectem quatro tipos distintos de cadeia pesada g.

5-As propriedades físico-químicas das imunoglobulinas variam entre as diferentes classes. Note-se que a IgA ocorre numa forma dimérica {sigA) em associação com uma cadeia proteica denominada peça secretora. .

A. IgG

A 1-IgG é a principal imunoglobulina no soro humano normal, representando 70-75% do pool total de imunoglobulinas.

A 2-IgG é uma proteína monomérica com um coeficiente de sedimentação de 7S e um peso molecular de 146.000.

3- Estudos das subclasses de IgG indicaram que as proteínas IgG3 são ligeiramente maiores do que as outras subclasses e que este aumento se deve ao facto de a cadeia y3 ser ligeiramente mais pesada.

4-A classe IgG está distribuída uniformemente entre os pools intra e extravasculares, é o principal anticorpo das respostas imunitárias secundárias e a classe exclusiva de anti-toxinas.

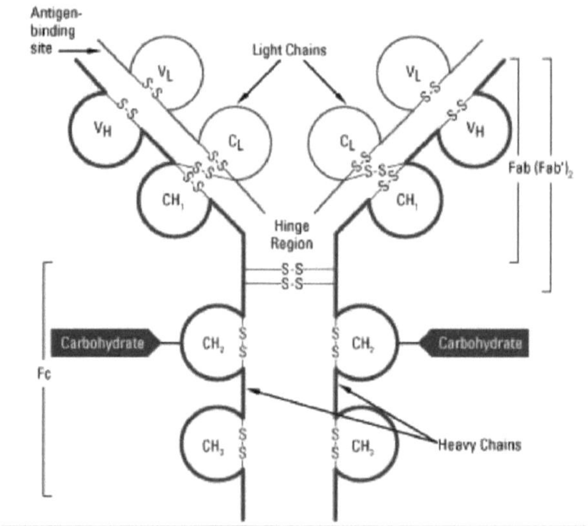

Figura 16. Molécula de IgG

B. IgM
A 1-IgM representa cerca de 10% do pool de imunoglobulinas.

2-A molécula tem uma estrutura pentamérica na qual as cadeias pesadas individuais têm um peso molecular de aproximadamente 65.000 e a molécula inteira tem um peso molecular de 970.000.

3-Esta proteína está largamente confinada ao pool intravascular e é o anticorpo "precoce" predominante, frequentemente dirigido contra organismos infecciosos antigenicamente complexos.

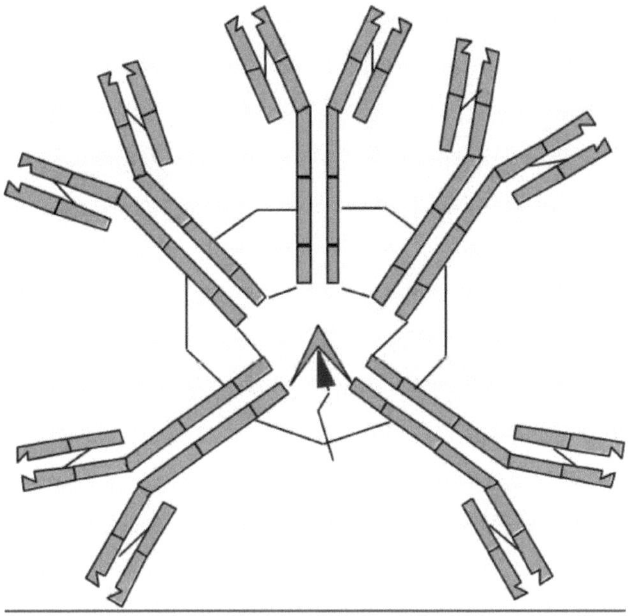

Figura 17. Imunoglobulina M

C. IgA
A 1-IgA representa 15-20% do pool de imuno -globulinas do soro humano.

2-No homem, mais de 80% da IgA ocorre como monómero básico de quatro cadeias, mas na maioria dos mamíferos a IgA no soro é principalmente polimérica, ocorrendo sobretudo como dímero.

A 3-IgA é a imunoglobulina predominante nas secreções seromucosas, como a saliva, as secreções traqueobrônquicas, o colostro, o leite e as secreções geniturinárias. A IgA secretora (sIgA), que pode ser de qualquer uma das subclasses, existe principalmente na forma dimérica de 1 15 e tem um peso molecular de 385 000. A sIgA é abundante nas secreções seromucosas e está protegida da proteólise através da combinação com outra proteína - o componente secretor.

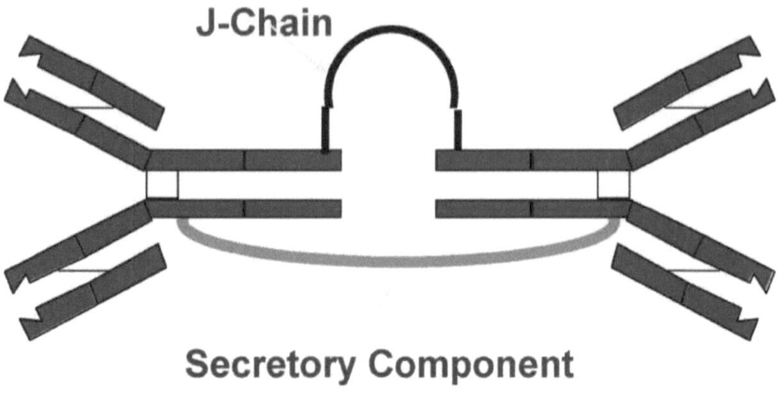

Figura 18. Imunoglobulina A

D.IgD

A 1-IgD representa menos de 1% da imunoglobulina plasmática total, mas sabe-se que está presente em grandes quantidades na membrana de muitos linfócitos B circulantes.

2-A função biológica exacta desta classe não é conhecida, mas pode desempenhar um papel na diferenciação de linfócitos desencadeada por antigénios.

E.IgE

A 1-IgE, embora seja uma proteína sérica vestigial, encontra-se na membrana superficial dos basófilos e dos mastócitos em todos os indivíduos.

2-Esta classe pode desempenhar um papel na imunidade ativa contra parasitas helmínticos, mas nos países ocidentais está mais frequentemente associada a doenças de hipersensibilidade imediata, como a asma e a febre dos fenos.

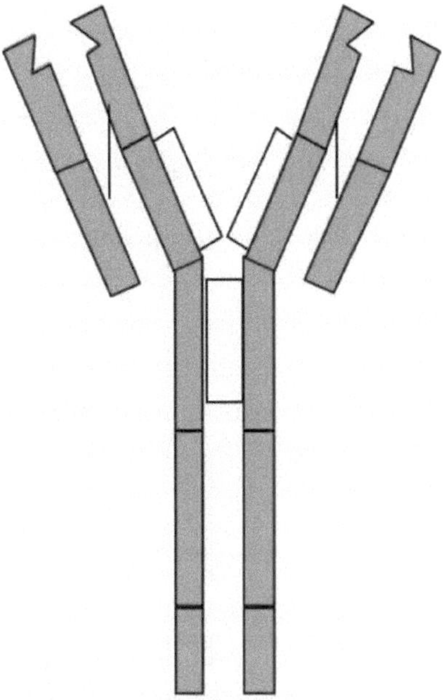

Figura 19. Imunoglobulina E

Capítulo 8

B - Linfócitos

As células B ou **linfócitos B** são um tipo de linfócitos da imunidade humoral do sistema imunitário adaptativo.

1- As células B podem distinguir-se de outros linfócitos, como as células T e as células assassinas naturais (células NK), pela presença de uma proteína na superfície das células B conhecida como recetor de células B (BCR).

2-Esta proteína recetora especializada permite que uma célula B se ligue a um antigénio **específico**.

> Nas aves, as células B amadurecem na bursa de Fabricius (o nome das células "B" vem do nome deste órgão). Nos mamíferos, as células B imaturas são formadas na medula óssea

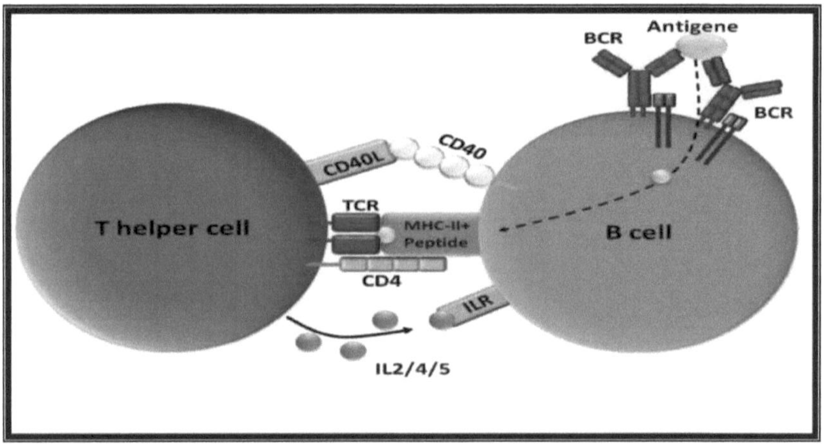

Figura 20. Ativação das células B

Função das **células B** ou **linfócitos B**

O corpo humano produz diariamente milhões de tipos diferentes de células B que circulam no sangue e no sistema linfático, desempenhando o papel de vigilância imunitária.

1 - Não produzem anticorpos até estarem completamente activadas. Cada célula B tem uma proteína recetora única (designada por recetor de células B (BCR)) na sua superfície que se liga a um antigénio específico.

2-O BCR é uma imunoglobulina ligada à membrana, e é esta molécula que permite distinguir as células B de outros tipos de linfócitos, além de ser a principal proteína envolvida na ativação das células B.

3-Depois de uma célula B encontrar o seu antigénio cognato e receber um sinal adicional de uma célula T auxiliar, pode diferenciar-se num dos dois tipos de células B:* células B plasmáticas* células B de memória.

4-A célula B pode transformar-se diretamente num destes tipos de células ou passar por uma etapa de diferenciação intermédia, a reação do centro germinativo, em que a célula B irá hipermutar a região variável do seu gene da imunoglobulina ("hipermutação somática") e, possivelmente, sofrer uma mudança de classe.

5- As células B incluem a apresentação de antigénios, a produção de citocinas e a organização do tecido linfoide

Desenvolvimento de células B ou **linfócitos B**

O desenvolvimento das células B ocorre em várias fases, cada fase representando uma alteração no conteúdo do genoma nos loci dos anticorpos. Um anticorpo é composto por duas cadeias leves (L) e duas cadeias pesadas (H) idênticas, e os genes que as especificam encontram-se na região "V" (variável) e na região "C" (constante). Na região "V" da cadeia pesada, existem três segmentos: V, D e J, que se recombinam aleatoriamente, num processo denominado recombinação VDJ, para produzir um domínio variável único na imunoglobulina de cada célula B individual. Ocorrem rearranjos semelhantes para a região "V" da cadeia leve, exceto que apenas estão envolvidos dois segmentos: V e J.

1-A célula pré-B é um precursor do desenvolvimento das células B. Certas leucemias/linfomas estão associados a células B imaturas, e a observação de populações de células pré-B pode ser útil na identificação destas condições. Expressa CD19 e CD127, e a cadeia pesada da imunoglobulina está rearranjada, mas a cadeia leve da imunoglobulina ainda não está rearranjada nesta fase.

2 - Quando a célula B falha em qualquer etapa do processo de maturação, ela morre por um mecanismo chamado apoptose, aqui chamado de deleção clonal. As células B são produzidas continuamente na medula óssea.

3 - Quando o recetor da célula B, na superfície da célula, corresponde aos antigénios detectados presentes no corpo, a célula B prolifera e segrega uma forma livre desses receptores (anticorpos) com sítios de ligação idênticos aos da superfície original da célula.

4-Após a ativação, a célula prolifera e formam-se células B de memória para reconhecer o mesmo antigénio. Esta informação seria então utilizada como parte do sistema imunitário adaptativo para uma resposta imunitária mais eficiente e mais potente em futuros encontros com esse antigénio.

As proteínas TACI, BCMA e BAFF-R (recetor do fator de ativação das células B) estão presentes tanto nas células B imaturas como nas células B maduras. O belimumab é um inibidor monoclonal da forma solúvel do fator de ativação das células B (BAFF), ao passo que o blisibimod é um inibidor das formas membranares e solúveis do BAFF. O CD20 é expresso em todas as fases de desenvolvimento das células B, exceto na primeira e na última; está presente desde as células pré-B até às células de memória, mas não nas células pré-pro-B nem nos plasmócitos

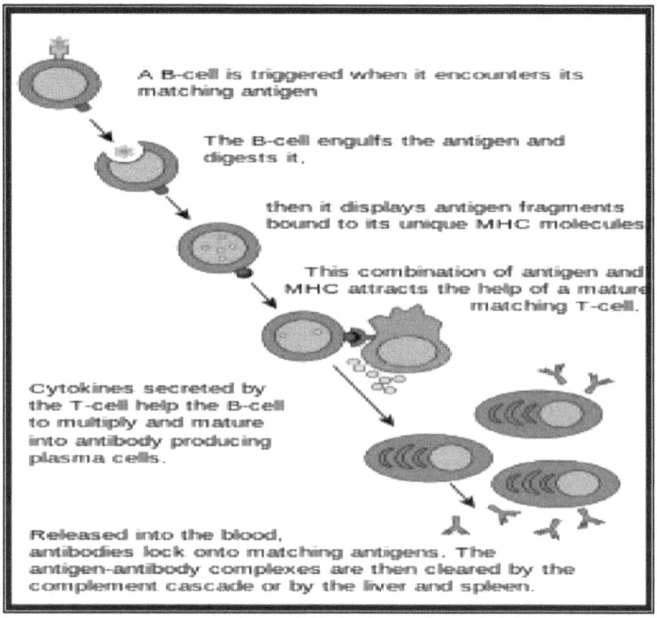

Figura 21. Desenvolvimento dos linfócitos B

Tipos de células B

Uma célula plasmática suspeita. Os plasmócitos são normalmente detectados nos tecidos e não na circulação.

- **Os plasmócitos B** (também conhecidos como *plasmócitos, plasmócitos* e *células B efectoras*) são grandes células B que foram expostas a antigénios e produzem e segregam grandes quantidades de anticorpos, que ajudam na destruição de micróbios, ligando-se a eles e tornando-os alvos mais fáceis para os fagócitos e para a ativação do sistema do complemento. São por vezes referidas como *fábricas de anticorpos.* Uma micrografia eletrónica destas células revela grandes quantidades de retículo endoplasmático rugoso, responsável pela síntese do anticorpo, no citoplasma da célula. São células de vida curta e sofrem apoptose quando o agente incitante que induziu a resposta imunitária é eliminado. Isto ocorre devido à cessação da exposição contínua a vários factores estimuladores de colónias, que são necessários para a sobrevivência.
- **As células B de memória** diferenciam-se das células B activadas predominantemente a

partir de um centro germinal e são específicas do antigénio encontrado durante a resposta imunitária primária. Estas células são capazes de viver durante muito tempo e podem responder rapidamente após uma segunda exposição ao mesmo antigénio.

As células -B-1 expressam IgM em maior quantidade do que IgG e as suas

Os receptores poliespecíficos apresentam poliespecificidade, o que significa que têm afinidades baixas para muitos antigénios diferentes. As imunoglobulinas poliespecíficas têm frequentemente uma preferência por outras imunoglobulinas, antigénios próprios e polissacáridos bacterianos comuns. As células B-1 estão presentes em número reduzido nos gânglios linfáticos e no baço, encontrando-se predominantemente nas cavidades peritoneal e pleural.

As células -B-2 são as células pretendidas quando se utiliza a expressão não qualificada "célula B".

-Células B da zona marginal

-Células B foliculares

- **As células B reguladoras** (Bregs) são células B envolvidas na regulação imunitária através de vários mecanismos, incluindo a secreção de IL-10 e TGFbeta. Os dois fenótipos mais bem descritos são o subconjunto B10 (CD5+CD1d+) e o subconjunto de células B T2 - MZP (CD21+CD23+CD24+CD93+) em ratinhos e o subconjunto CD24+CD38+ em humanos. Mas ainda existe muita controvérsia relativamente aos marcadores de superfície.

Capítulo 9

Linfócitos T, Caraterísticas e desenvolvimento

A superfície de cada célula T também apresenta milhares de **receptores de células T** (**TCR**) idênticos. Existem dois tipos de células T que diferem nos seus TCR:

Células T □ **alfa/beta** (αβ). O seu TCR é um heterodímero de uma cadeia alfa com uma cadeia beta. Cada cadeia tem uma região variável (V) e uma região constante (C). Cada uma das regiões V contém 3 **regiões hipervariáveis** que constituem o local de ligação ao antigénio

□ células T **gama/delta** (γδ). O seu TCR é também um heterodímero de uma cadeia gama emparelhada com uma cadeia delta. O TCR (das células T alfa/beta) liga-se a um complexo bimolecular apresentado na superfície de **uma outra célula** denominada **célula apresentadora de antigénio** (**APC**). A maioria das células T do corpo pertence a um de dois subconjuntos.

Estes distinguem-se pela presença na sua superfície de **uma ou outra** das duas glicoproteínas designadas:

□ **CD4**

CD8 Qual destas moléculas está presente determina os tipos de células a que a célula T se pode ligar.

As células T **CD8+** ligam-se a epítopos que fazem parte de **moléculas de histocompatibilidade de classe I**. Quase todas as células do corpo expressam moléculas de classe I.

As células T **CD4+** ligam-se a epítopos que fazem parte de **moléculas de histocompatibilidade de classe II**.

Apenas as células especializadas na apresentação de antigénios expressam moléculas de classe II. Estas incluem:

1- células dendríticas

2- células fagocíticas como os **macrófagos** .

Células 3-B!

Células T CD8

1-As células T CD8+ mais bem conhecidas são **os linfócitos T citotóxicos**

(**CTLs**).

2-Secretam moléculas que destroem a célula a que se dirigem vinculado.

3- Esta função é muito útil se a célula-alvo estiver infetada com um vírus, porque a célula é normalmente destruída antes de poder libertar uma nova colheita de vírus capazes de infetar outras células.

4- O papel das células T CD8+ é monitorizar todas as células do corpo, prontas a destruir todas as que expressam fragmentos de antigénios estranhos nas suas moléculas de classe I.

. Células T CD4

1-As células T CD4+ ligam-se a um epítopo constituído por um fragmento de antigénio

que se encontra na ranhura de uma molécula de histocompatibilidade de classe II.

As células T 2-CD4+ são essenciais tanto para a mediação celular como para a mediação por anticorpos

ramos mediados do sistema imunitário:

Imunidade mediada por células

1 - Estas células CD4+ ligam-se ao antigénio apresentado por células apresentadoras de antigénio

(APCs), como os macrófagos fagocíticos e as células dendríticas.

2- As células T libertam então **linfocinas** que atraem outras células para a zona. O resultado é a **inflamação**: a acumulação de células e moléculas que tentam barrar e destruir o material antigénico (um abcesso é um exemplo, a erupção cutânea após a exposição à hera venenosa é outro).

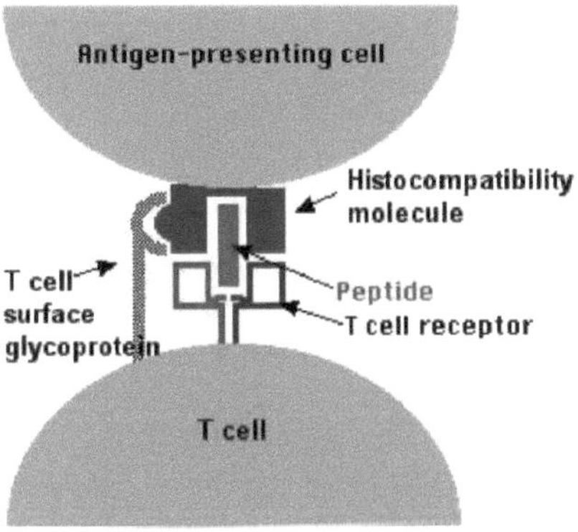

Figura 22. As células T ligam-se ao antigénio

Imunidade mediada por anticorpos

1-Estas células CD4+, chamadas **células T auxiliares**, ligam-se ao antigénio apresentado
por células B (tal como indicado acima).

2- O resultado é o desenvolvimento de **clones** de **células plasmáticas** que segregam anticorpos contra o material antigénico.

Células T gama/delta (γδ) As células T gama/delta diferem das suas primas alfa/beta de várias formas: *O seu TCR é codificado por segmentos de genes diferentes.

*O seu TCR liga-se a antigénios que podem ser o proteínas intactas (tal como os anticorpos), bem como uma variedade de outros tipos de moléculas orgânicas (muitas vezes contendo átomos de fósforo); o **não** "apresentados" dentro de moléculas de histocompatibilidade de classe I ou classe II; o não apresentados por células apresentadoras de antigénios (APC) "profissionais", como as células dendríticas.

* A maioria destas células T não tem nem CD8 nem CD4 na sua superfície. Isto faz sentido porque não têm necessidade de reconhecer as moléculas de histocompatibilidade de classe I e classe II.

* As células T gama/delta, tal como as células T alfa/beta, desenvolvem-se no timo. Contudo, migram daí para os tecidos do corpo, especialmente para os epitélios (por exemplo, intestino, pele, revestimento da vagina), e não recirculam entre o sangue e os gânglios linfáticos (não representam mais de 5% das células T no sangue e são ainda mais raras nos gânglios linfáticos). Encontram antigénios na superfície das células epiteliais que as rodeiam, em vez de dependerem das APCs encontradas nos gânglios linfáticos.

Função das células T γδ

1-. Podem representar uma primeira linha de defesa contra os agentes patogénicos invasores.

2-A sua resposta parece de facto ser mais rápida do que a das células T αβ. Os ratinhos knockout que não conseguem produzir células T γδ são mais lentos a curar lesões na pele.

3-Eles são também muito mais susceptíveis a cancros da pele do que os ratos normais. Talvez a vigilância imunitária seja uma das funções das células T γδ.

Mecanismos de reconhecimento e efectores da imunidade adaptativa

A seleção clonal descreve o princípio básico de funcionamento da resposta imunitária adaptativa, mas não a forma como esta defende o organismo contra as infecções. Na última parte deste capítulo, descrevemos os mecanismos através dos quais os agentes patogénicos são detectados pelos linfócitos e são eventualmente destruídos numa resposta imunitária adaptativa bem sucedida. Os diferentes estilos de vida dos diferentes agentes patogénicos requerem diferentes mecanismos de resposta, não só para assegurar a sua destruição, mas também para a sua deteção e reconhecimento. Já vimos que existem dois tipos diferentes de receptores de antigénios: a imunoglobulina de superfície das células B e o recetor de antigénios mais pequeno das células T. Estes receptores de superfície estão adaptados para reconhecer o antigénio de duas formas diferentes: As células B reconhecem os antigénios presentes no exterior das células do corpo, onde se encontra, por exemplo, a maioria das bactérias; as células T, pelo contrário, podem detetar os antigénios gerados no interior das células infectadas, por exemplo, os devidos aos vírus.

Os mecanismos efectores que funcionam para eliminar os agentes patogénicos numa resposta imunitária adaptativa são essencialmente idênticos aos da imunidade inata. De facto, parece provável que o reconhecimento específico por receptores distribuídos clonalmente tenha evoluído como uma adição tardia aos mecanismos efectores inatos existentes para produzir a atual resposta imunitária adaptativa. Começamos por delinear as acções efectoras dos anticorpos, que dependem quase inteiramente do recrutamento de células e moléculas do sistema imunitário inato.

The immune system protects against four classes of pathogen		
Type of pathogen	**Examples**	**Diseases**
Extracellular bacteria, parasites, fungi	*Streptococcus pneumoniae* *Clostridium tetani* *Trypanosoma brucei* *Pneumocystis carinii*	Pneumonia Tetanus Sleeping sickness PC Pneumonia
Intracellular bacteria, parasites	*Mycobacterium leprae* *Leishmania donovani* *Plasmodium falciparum*	Leprosy Leishmaniasis Malaria
Viruses (intracellular)	Variola Influenza Varicella	Smallpox Flu Chickenpox
Parasitic worms (extracellular)	*Ascaris* *Schistosoma*	Ascariasis Schistosomiasis

Capítulo 10

Citocinas e receptores :

O termo "citocina" deriva de uma combinação de duas palavras gregas - "cyto" que significa célula e "kinos" que significa movimento. As citocinas são moléculas de sinalização que ajudam a comunicação das células nas respostas imunitárias e induzem o movimento das células para locais de inflamação, infeção e trauma.

Uma pequena proteína libertada pelas células que tem um efeito específico nas interações entre as células, nas comunicações entre as células ou no comportamento das células. As citocinas incluem as interleucinas, as linfocinas e as moléculas de sinalização celular, como o fator de necrose tumoral e os interferões, que desencadeiam a inflamação e respondem às infecções.

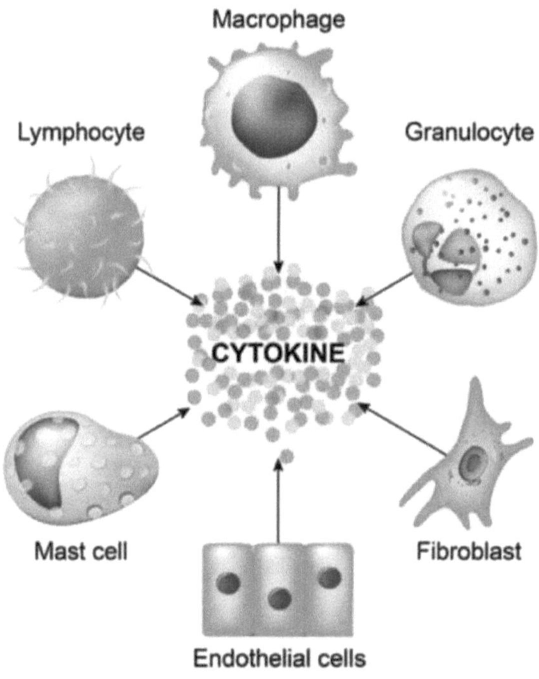

Figura 23 . Células com secreção de citocinas

As citocinas incluem os agentes interleucina e interferão, que estão envolvidos na regulação da resposta do sistema imunitário à inflamação e à infeção.

Classificação das citocinas em função da estrutura

A homogeneidade estrutural permitiu distinguir parcialmente as citocinas que não apresentam um grau considerável de redundância, de modo a poderem ser classificadas em quatro tipos:

- A família dos feixes de quatro α-hélices: as citocinas membros têm estruturas tridimensionais com quatro feixes de α-hélices. Esta família, por sua vez, divide-se em três subfamílias:
  1. a subfamília IL-2
  2. a subfamília do interferão (IFN)
  3. a subfamília IL-10.
  - A primeira destas três subfamílias, a subfamília IL-2, é a maior. Contém várias citocinas não imunológicas, incluindo a eritropoietina (EPO) e a trombopoietina (TPO). Além disso, as citocinas com feixe de quatro hélices α podem ser agrupadas em citocinas de *cadeia longa* e *de cadeia curta*.
- a família IL-1, que inclui principalmente IL-1 e IL-18
- a família IL-17, que ainda não foi completamente caracterizada, embora as citocinas membros tenham um efeito específico na promoção da proliferação de células T que causam efeitos citotóxicos.
- as citocinas de nó de cisteína incluem membros da superfamília do fator de crescimento transformador beta, incluindo TGF-β1, TGF-β2 e TGF-β3.

Classificação da citocina consoante a função

Uma classificação que se revela mais útil na prática clínica e experimental fora da biologia estrutural divide as citocinas imunológicas em citocinas que melhoram as respostas imunitárias celulares, tipo 1 (IFN-γ, TNFα, etc.), e tipo 2 (TGF-β, IL-4, IL-10, IL-13, etc.), que favorecem as respostas dos anticorpos.

Um dos principais focos de interesse tem sido o facto de as citocinas de um destes dois subconjuntos tenderem a inibir os efeitos das do outro. A desregulação desta tendência está a ser estudada intensivamente devido ao seu possível papel na patogénese das doenças auto-imunes.

Várias citocinas inflamatórias são induzidas pelo stress oxidativo. O facto de as citocinas desencadearem elas próprias a libertação de outras citocinas· também conduzem a um aumento do stress oxidativo torna-as importantes na inflamação crónica, bem como noutras imuno-respostas, como a febre e as proteínas de fase aguda do fígado (IL-1,6,12, IFN-a).

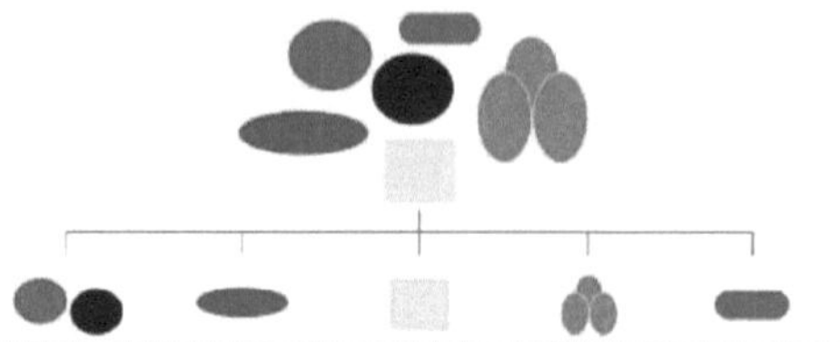

	Interferons	Chemokines	Interleukins	TNF α	Growth Factors
Example	Type I (α,β) Type II (γ)	MCP-I, IL-8,etc.	IL-6, IL-10, etc.	——	VEGF, GM-CSF, TGF β, etc.
Function	Innate Antiviral Response	Chemotaxis Proinflammatory	Leukocyte Development	Acute Phase Response, Coagulation	Growth Differentiation
Potential Role in Filovirus Infection	Impairment of Type I IFN Increased Type II	Inflammation + Immunopathology Trafficking of Target Cells	Inflammation Coagulopathy, Endothelial Permeability	Coagulopathy, Inflammation, Chemotaxis of Target Cells	Availability of Target Cells to Infection

Figura 24 . Tipos e funções das citocinas

Citocinas envolvidas na hematopoiese.

As células que produzem estas citocinas incluem células endoteliais, macrófagos e outras células do sistema imunitário.

- factores estimulantes das colónias (como o G-CSF, ou fator estimulante das colónias de granulócitos) (provocam o crescimento das células hematopoiéticas).

Receptores

Recetor de citocinas

Nos últimos anos, os receptores de citocinas passaram a exigir a atenção de mais investigadores do que as próprias citocinas, em parte devido às suas caraterísticas notáveis e em parte porque uma deficiência dos receptores de citocinas foi agora diretamente associada a certos estados de imunodeficiência debilitantes. A este respeito, e também porque a redundância e o pleiomorfismo das citocinas são, de facto, uma consequência dos seus receptores homólogos, muitas autoridades consideram que uma classificação dos receptores de citocinas seria mais útil do ponto de vista clínico e experimental.

Foi, portanto, tentada uma classificação dos receptores de citocinas com base na sua estrutura tridimensional. Tal classificação, embora aparentemente complicada, oferece várias perspectivas únicas para alvos farmacoterapêuticos atractivos. **A superfamília das imunoglobulinas (Ig),** que estão ubiquamente presentes em várias células e tecidos do corpo dos vertebrados, e partilham homologia estrutural com as imunoglobulinas (anticorpos), moléculas de adesão celular e mesmo algumas citocinas. Exemplos: Tipos de receptores de IL-1.

- Família do Fator de Crescimento Hemopoiético (tipo 1), cujos membros têm determinados motivos conservados no seu domínio extracelular de aminoácidos. O recetor da IL-2 pertence a esta cadeia, cuja deficiência da cadeia γ (comum a várias outras citocinas) é diretamente responsável pela forma ligada ao X da Imunodeficiência Combinada Grave (X-SCID).
- Família de interferões (tipo 2), cujos membros são receptores para IFN β e γ.
- A família dos factores de necrose tumoral (TNF) (tipo 3), cujos membros partilham um domínio de ligação extracelular comum rico em cisteína, e inclui vários outros factores não ligandos de citocinas como CD40, CD27 e CD30, para além dos ligandos que dão nome à família (TNF).
- Família de sete hélices transmembranares, o tipo de recetor ubíquo do reino animal. Todos os receptores acoplados à proteína G (para hormonas e neurotransmissores) pertencem a esta família. Os receptores de quimiocinas, dois dos quais actuam como proteínas de ligação para o VIH (CD4 e CCR5), também pertencem a esta família.
- Família de receptores de interleucina-17 (IL-17R), que apresenta pouca homologia com qualquer outra família de receptores de citocinas. Os motivos estruturais conservados entre os membros desta família incluem: um domínio extracelular semelhante à fibronectina III, um domínio transmembranar e um domínio citoplasmático SERIF. Os membros conhecidos desta família são os seguintes IL-17RA, IL-17RB, IL-17RC, IL17RD e IL-17RE.

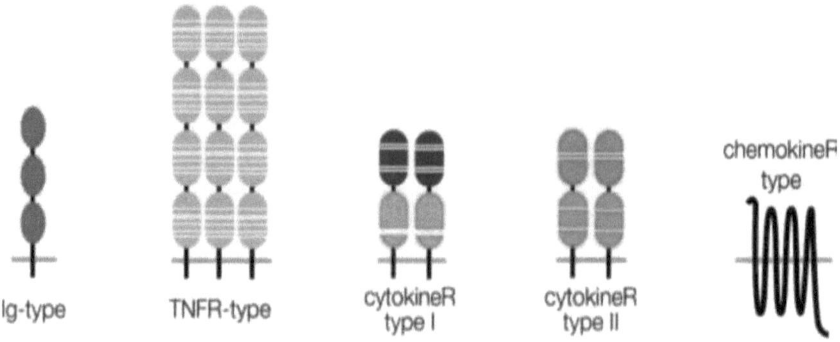

Figura 25: Receptores de citocinas

Efeitos celulares das citocinas

Cada citocina tem um recetor de superfície celular correspondente.

As cascatas subsequentes de sinalização intracelular alteram então as funções celulares.

1-Podem incluir a regulação positiva e/ou negativa de vários genes e dos seus factores de transcrição, resultando na produção de outras citocinas, num aumento do número de receptores de superfície para outras moléculas ou na supressão do seu próprio efeito por inibição de feedback.

2-O efeito de uma determinada citocina numa dada célula depende da citocina, da sua abundância extracelular, da presença e abundância do recetor complementar na superfície da célula e dos sinais a jusante activados pela ligação ao recetor; estes dois últimos factores podem variar consoante o tipo de célula. As citocinas são caracterizadas por uma "redundância" considerável, na medida em que muitas citocinas parecem partilhar funções semelhantes.

3-Parece ser um paradoxo o facto de as citocinas que se ligam aos anticorpos terem um efeito imunitário mais forte do que a citocina isolada. Este facto pode levar a doses terapêuticas mais baixas.

4-As citocinas inflamatórias causam uma inibição dependente de IL-10 da expansão e função das células T através da regulação positiva dos níveis de PD-1 nos monócitos, o que leva à produção de IL-10 pelos monócitos após a ligação de PD-1 por PD-L

5-As reacções adversas às citocinas são caracterizadas por inflamação local e/ou ulceração nos locais de injeção. Ocasionalmente, estas reacções são observadas com papularerupções mais generalizadas.

Papel das citocinas endógenas na saúde e na doença

As citocinas estão frequentemente envolvidas em vários processos de desenvolvimento durante a embriogénese.

1-As citocinas são cruciais no combate às infecções e noutras respostas imunitárias. No entanto, podem tornar-se desreguladas e patológicas em situações de inflamação, traumatismo e sépsis.

2 - Os efeitos adversos das citocinas têm sido associados a muitos estados de doença e condições que vão desde a esquizofrenia, depressão grave e doença de Alzheimer ao cancro.

3 - A integridade normal dos tecidos é preservada por interações de feedback entre diversos tipos de células mediadas por moléculas de adesão e citocinas segregadas; a perturbação dos mecanismos normais de feedback no cancro ameaça a integridade dos tecidos.

4-A secreção excessiva de citocinas pode desencadear uma síndrome perigosa conhecida como tempestade de citocinas; esta pode ter sido a causa de acontecimentos adversos graves durante um ensaio clínico do TGN1412.

5-As tempestades de citocinas também foram a principal causa de morte na pandemia de "gripe espanhola" de 1918. As mortes afectaram mais as pessoas com sistemas imunitários saudáveis, devido à sua capacidade de produzir respostas imunitárias mais fortes, aumentando provavelmente os níveis de citocinas.

6- A tempestade de citocinas é observada na pancreatite aguda. As citocinas são parte integrante e estão implicadas em todos os ângulos da cascata que resulta na síndrome da resposta inflamatória sistémica e na falência de vários órgãos associada a esta catástrofe intra-abdominal

Utilização médica de citocinas

Algumas citocinas foram desenvolvidas como terapêuticas proteicas utilizando a tecnologia do ADN recombinante. As citocinas recombinantes que estão a ser utilizadas como medicamentos incluem:

- Proteína morfogenética óssea (BMP), utilizada para tratar doenças relacionadas com os ossos

- Eritropoietina (EPO), utilizada para tratar a anemia

- Fator estimulador de colónias de granulócitos (G-CSF), utilizado para tratar a neutropenia em doentes com cancro

- Fator estimulante de colónias de macrófagos granulócitos (GM-CSF), utilizado para tratar a neutropenia e infecções fúngicas em doentes com cancro

- Interferão alfa, utilizado para tratar a hepatite C e a escelerose múltipla

- Interferão beta, utilizado para tratar a escelerose múltipla

- Interleucina 2 (IL-2), utilizada no tratamento do cancro.

- Interleucina 11 (IL-11), utilizada para tratar a trombocitopenia em doentes com cancro.

- O interferão gama é utilizado para tratar a doença granulomatosa crónica e a osteopetrose.

Capítulo 11

Tolerância e autoimunidade

Tolerância imunológica - : ausência de resposta específica a um antigénio que é induzida pela exposição dos linfócitos a esse antigénio (tolerogénio vs imunogénio)

Autoimunidade - : resposta imunitária contra um antigénio próprio (auto), implicitamente patológica (nociva) - Antigénios alvo frequentemente desconhecidos (próprios ou de micróbios)

Doenças inflamatórias imunomediadas

Doenças crónicas com inflamação proeminente, frequentemente causadas por falha de tolerância ou regulação - AR, DII, EM, psoríase, muitas outras - Afectam 25% das pessoas, com incidência crescente

- Pode resultar de respostas imunitárias contra antigénios próprios (autoimunidade) ou antigénios microbianos (doença de Crohn)

- Pode ser causada por células T e anticorpos Mensagens para levar para casa Patogénese da autoimunidade órgão-específica As terapias actuais visam as fases tardias da reação (ativação dos linfócitos, inflamação). O objetivo final deve ser atacar a causa subjacente e restaurar o controlo da resposta anormalmente dirigida 10

Bases genéticas da autoimunidade -

1 - Predisposição genética das doenças auto-imunes - Aumento da incidência em gémeos (mais em monozigóticos) - Identificação de genes associados a doenças através de abordagens genéticas e genómicas - Múltiplos genes estão associados à autoimunidade - A maioria das doenças auto-imunes humanas são multigénicas - Defeitos de um único gene revelam vias de transmissão Mensagens para levar para casa Bases genéticas da autoimunidade - A maioria das doenças auto-imunes humanas são multigénicas

2 - Genes MHC - Associação genética importante com doenças auto-imunes (risco relativo de doença em indivíduos com haplótipos HLA específicos) - Os alelos associados à doença estão presentes em indivíduos normais - Genes não MHC: - Muitos loci identificados por métodos genómicos - A maioria são localizações cromossómicas; os genes e funções reais são em grande parte desconhecidos; muitos SNP estão em regiões não codificantes - Estudos recentes de associação do genoma 11

Doença autoimune de um único órgão

- Tese principal: As caraterísticas clinicopatológicas das doenças auto-imunes específicas de órgãos populares:

- Tiroidite de Hashimoto - O corpo produz auto-anticorpos e células TDTH contra antigénios da tiroide, o que leva ao aumento da glândula tiroide, bócio e hipertiroidismo.

- Anemia perniciosa - Resulta de uma maturação defeituosa dos glóbulos vermelhos devido a uma absorção deficiente de vitamina B12. O organismo produz auto-anticorpos contra o fator intrínseco, que é necessário para o transporte e a absorção da vitamina B12.

Sintomas: perda de apetite, fraqueza, perda de peso e fadiga

Anemia hemolítica autoimune (AHA). O corpo produz anticorpos (IgG/IgM) contra uma variedade de antigénios das hemácias, o que resulta na destruição ou remoção de células sanguíneas.

- Anemia hemolítica induzida por medicamentos. Ocorre quando um medicamento faz com que o sistema imunitário do organismo reaja contra os seus próprios glóbulos vermelhos.

- Púrpura trombocitopénica. É uma doença com risco de vida que resulta da destruição das plaquetas por auto-anticorpos. Os fagócitos do fígado e do baço endocitam plaquetas revestidas com anticorpos. Os sintomas incluem distúrbios hemorrágicos.

- Síndrome de Goodpasture. Uma doença autoimune rara dos pulmões e dos rins que envolve a produção de auto-anticorpos contra a membrana basal dos alvéolos e glomérulos. Os sintomas incluem lesões renais e pulmonares, glomerulonefrite, hemorragia pulmonar.

Diabetes Mellitus Dependente de Insulina Diabetes tipo I. Esta doença é causada por um ataque direto às células β produtoras de insulina por citotoxicidade dependente de anticorpos, resultando numa diminuição da produção de insulina.

- Doença de Graves. Esta doença resulta da ligação de auto-anticorpos aos receptores de TSH (hormona estimulante da tiroide), o que provoca uma produção excessiva de tiroxina. Os sintomas incluem olhos esbugalhados, hipertiroidismo, aumento da transpiração, palpitações e intolerância ao calor.

- Miastenia Gravis. Uma doença autoimune crónica resultante de uma transmissão neuromuscular defeituosa. O organismo produz auto-anticorpos (isótipo IgG) que se ligam aos receptores de acetilcolina na junção neuromuscular, bloqueando assim a Ach, que é necessária para estimular a contração muscular

Doenças sistémicas auto-imunes

- As caraterísticas clínico-patológicas das doenças auto-imunes específicas de órgãos populares:

- Lúpus eritematoso sistémico - O lúpus é uma doença caracterizada por uma inflamação crónica dos tecidos do corpo que afecta principalmente as mulheres. O corpo produz autoanticorpos contra uma variedade de antigénios como hemácias, mitocôndrias, lisossomas e outros organelos celulares comuns.

- Sintomas: erupções cutâneas eritrematosas, glomerulinefrite, febre, mal-estar, perda de peso

Artrite reumatoide AR. A AR é uma doença inflamatória crónica que afecta as articulações sinoviais, principalmente em mulheres de meia-idade. A membrana sinovial inflamada é rodeada por células inflamatórias que destroem a cartilagem e o osso das articulações. Os sintomas são: perda de peso, febre, fadiga.

- Esclerose múltipla. Esta doença afecta o sistema nervoso central. Caracteriza-se pela presença de escleroses (tecido cicatricial) na substância branca dos neurónios, como resultado da resposta dos linfócitos T autoreactivos. Os sintomas incluem: fraqueza motora, paralisia nos membros, ataxia, disfunção urinária, aberração mental,

- Escelerodermia - caracteriza-se pela deposição de colagénio em excesso nos tecidos de ligação, o que resulta no espessamento da pele e no seu clareamento gradual.
- O doente desenvolve a síndrome CREST: calcinose (excesso de deposição de cálcio), fenómeno de Reynauld (fluxo sanguíneo anormal em resposta ao stress ou ao frio), disfunção eosofágica (dificuldade em engolir), escelerodactilia (pele escamosa e tensa) e telangiectasia (manchas vermelhas na pele). Os órgãos afectados incluem a pele, os rins, o coração, os pulmões, o trato gastrointestinal e as articulações.

- Síndrome de Guillian Barre. Esta doença ocorre normalmente após uma doença infecciosa ou após a vacinação. A doença resulta do anticorpo

Papel do MHC, das células TH e do TCR na autoimunidade

- Papel do MHC. As moléculas do MHC de classe II estão mais associadas à autoimunidade porque o MHC de classe II está envolvido na seleção e ativação das células TH. As células TH, por sua vez, medeiam a ativação de respostas imunitárias humorais e mediadas por células, tanto para a imunidade normal como para a autoimunidade.

- Papel das células TH na autoimunidade. As anomalias nas células TH podem levar à produção de auto-anticorpos porque as TH são necessárias para a produção de anticorpos.

- Papel dos receptores de células T na autoimunidade. As células T obtidas de doentes com EM e miastenia gravis mostram uma expressão preferencial do gene variável TCR nas células T auto-reactivas. A ausência do gene CTLA-4, que codifica o recetor CTLA-4 que inibe a resposta autoimune, pode resultar numa resposta autoimune fatal e em danos maciços nos tecidos

Autoanticorpos e doenças auto-imunes.

A tolerância das células B é mais profunda em relação aos antigénios expressos nas superfícies celulares ou no soro de . Na medula óssea, estas células B, que são normalmente específicas para estes auto-antigénios, são eliminadas ou pouco tempo depois. Os auto-antigénios que provocam auto-anticorpos de alto título e alta afinidade são normalmente sequestrados no interior das células. Isto indica que as células B específicas para auto-proteínas intracelulares escapam aos processos de eliminação clonal. No entanto, alguns auto-anticorpos reconhecem auto-antigénios da superfície extracelular das células. Por exemplo, alguns auto-anticorpos responsáveis por um tipo de anemia hemolítica autoimune são anticorpos IgM fixadores de complemento pegajoso, que são evocados por infeção.
Estes anticorpos hemolíticos que são segregados pelas células B também estão presentes em indivíduos normais com um baixo nível de expressão, pelo que não há destruição dos glóbulos vermelhos. Durante as infecções, quando o nível de anticorpos IgM está aumentado, ocorre a hemólise autoimune. Não são só os anticorpos IgM que podem causar anemia hemolítica, os anticorpos IgG também o podem fazer, mas ainda não se sabe como é que estas células B escapam à deleção.

Os auto-anticorpos podem produzir doenças auto-imunes de acordo com os seguintes mecanismos:
1. Lise do complemento: lise da célula-alvo dependente do complemento. A hematúria paroxística a frio (uma forma de anemia hemolítica autoimune originalmente descrita em associação com a sífilis congénita, mas agora mais frequentemente observada em doentes com papeira ou sarampo) é um exemplo de doença autoimune mediada por anticorpos IgM fixadores do complemento.
2. Opsonização. O complemento e os anticorpos actuam como opsoninas, sendo este o mecanismo da maioria das formas de anemia hemolítica, uma vez que a densidade de Ig é insuficiente para permitir a reticulação e a ativação de C1q.
3. Formação de complexos imunes, por exemplo, glomerulonefrite com doença do soro. A

carga negativa da membrana basal glomerular e os complexos imunes com uma carga líquida positiva tendem a depositar-se aí.
4. Receptores e ligandos: bloqueio dos receptores de ligandos fisiológicos, por exemplo, miastenia gravis (anticorpos anti-receptores de acetilcolina), anemia perniciosa (anticorpos anti-fator intrínseco).
5. Estimulação dos receptores de superfície celular, por exemplo, na doença de Graves (os anticorpos imitam as acções da TSH).
Estes mecanismos são talvez uma simplificação excessiva. Por exemplo, a miastenia gravis não pode ser induzida num modelo animal em ratos que não possuem IFNg, embora os ratos gerem auto-anticorpos para os receptores de acetilcolina. Este facto implica
que a lesão dos tecidos pelas células T Th1 desempenha um papel importante, para além dos anticorpos, na patogénese das doenças auto-imunes.

Capítulo 12

<u>**Vacinação**</u>
Uma vacina contém normalmente um agente que se assemelha ao microrganismo causador da doença e é frequentemente fabricada a partir de microrganismos ou subunidades enfraquecidas ou mortas (subunidades proteicas purificadas, polissacáridos).

Preparação do agente causador de uma doença, especialmente tratada para ser utilizada na vacinação, com o objetivo de induzir ou aumentar a imunidade. Foram criadas vacinas para apenas 34 dos mais de 400 agentes patogénicos conhecidos que são prejudiciais ao homem.

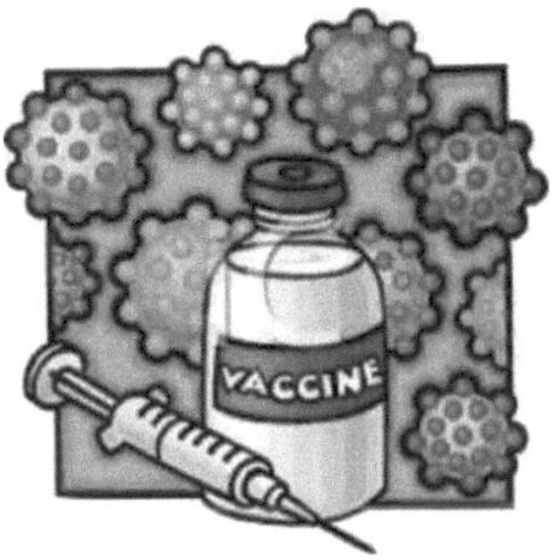

*A imunização salva a vida de 3 milhões de crianças todos os anos, mas mais 2 milhões de vidas poderiam ser salvas se os actuais .

*As vacinas foram aplicadas em grande escala a nível mundial.

Imunização ,A imunização é o processo de conferir maior resistência (ou menor suscetibilidade) a uma infeção.

*Administração de uma substância a uma pessoa com o objetivo de prevenir uma doença.
*Tradicionalmente composto por um microrganismo morto ou enfraquecido.

*A vacinação funciona criando um tipo de resposta imunitária que permite que as células de memória respondam mais tarde a um organismo semelhante antes que este possa **causar a** doença.

História inicial da vacinação

*Pioneira na Índia e na China no século XVII

*A tradição da vacinação pode ter tido origem na Índia em 1000 d.C.

*O pó de crostas de pessoas infectadas com varíola era utilizado para proteger contra a doença.

*A varíola foi responsável por 8 a 20% de todas as mortes em vários países europeus no século XVIII.

* Em 1721, Lady Mary Wortley Montagu trouxe o conhecimento destas técnicas de Constantinopla (atualmente Istambul) para Inglaterra.

*No entanto, dois a três por cento das vacinas contra a varíola morreram devido à própria vacinação.

*Benjamin Jesty e, mais tarde, Edward Jenner conseguiram demonstrar que a vacinação com a varíola bovina, menos perigosa, podia proteger contra a infeção com varíola.

*A palavra vacinação, que deriva de vacca, a palavra latina para vaca.

*Em 1879, Louis Pasteur demonstrou que a cólera das galinhas, enfraquecida através do seu cultivo em laboratório, podia proteger contra a infeção por estirpes mais virulentas.

* Em 1881, demonstrou numa experiência pública em Pouilly-Le-Fort que a sua vacina contra o carbúnculo era eficaz na proteção de ovelhas, cabras e vacas.

*Em 1885, Pasteur desenvolveu uma vacina contra a raiva baseada num vírus vivo atenuado

*Um ano mais tarde, Edmund Salmon e Theobald Smith desenvolveram uma vacina contra a cólera morta (pelo calor).

*Nos 20 anos seguintes, foram desenvolvidas vacinas contra a febre tifoide e a peste

*Em 1927, foi desenvolvida a vacina BCG contra a tuberculose.

Tipos de vacinação

1. vacinas vivas

Caraterísticas

a.Capaz de se replicar no hospedeiro

b. Atenuadas (enfraquecidas) para não causarem doenças

Vantagens

Induzir uma resposta imunitária alargada (celular e humoral)

Normalmente, são suficientes doses baixas de vacina

A proteção duradoura é frequentemente induzida

Desvantagens

Pode provocar reacções adversas

Pode ser transmitido de pessoa para pessoa

2. vacinas de subunidades

Relativamente fácil de produzir (não em direto)

Classicamente produzida através da inativação de um vírus ou bactéria inteiros

Produtos químicos para aquecimento

A vacina pode ser purificada

Seleção de uma ou algumas proteínas que conferem proteção

Bordetella pertussis (tosse convulsa)

Criar uma vacina mais bem tolerada que não contenha células de microrganismos inteiras .

Vacinas de subunidades: Polissacáridos

Polissacáridos

Muitas bactérias têm polissacáridos na sua membrana externa

Vacinas à base de polissacáridos

Neisseria meningitides

Streptococcus pneumoniae

Gerar uma resposta independente das células T

Ineficaz em crianças com menos de 2 anos de idade

Superado pela conjugação dos polissacáridos com péptidos

Utilizado em vacinas contra Streptococcus pneumoniae e Haemophilus influenzae.

Vacinas de subunidades: Toxóides

Toxinas Responsáveis pela patogénese de muitas bactérias </

Toxóides Toxinas inactivadas

Vacinas à base de toxóides

Bordetella pertussis

Clostridium tetani

Corynebacterium diphtheriae

Inativação

Tradicionalmente, é feita por meios químicos .

Alteração das sequências de ADN importantes para a toxicidade.

3. vacinas genéticas

Introduzir ADN ou ARN no hospedeiro

Injetado (Nu)

Revestido com partículas de ouro

Transportado por vírus

vaccinia, adenovírus ou alfavírus

bactérias como a Salmonella typhi, Mycobacterium tuberculosis

Vantagens

Fácil de produzir

Induzir uma resposta celular

Desvantagens

Baixa resposta na 1ª geração .

Tipo de vacinação

1. vacina viva atenuada, por exemplo

OPV

Sarampo

Rubéola

Caxumba

BCG

Vacina contra a varicela

2. organismo inactivado ou seus produtos, por exemplo:

Difteria

Tétano

Tosse convulsa (célula inteira/acelular)

Vacina contra a hepatite

Hepatite B

Vacina polissacárida pneumocócica

Gripe

IPV

Hib .

O mecanismo de uma vacina

Estudos recentes sugerem que é particularmente importante que a vacina seja absorvida por uma célula dendrítica.

Isto deve-se ao facto de as células dendríticas desempenharem um papel fundamental na inativação das células T, que se transformam em células T auxiliares

Num cenário ideal, sempre que uma vacina é administrada pela primeira vez, é fagocitada por uma célula apresentadora de antigénio.

A exposição de antigénios como os vírus e os antigénios bacterianos, numa forma relativamente inofensiva, sensibiliza as células imunitárias.

Durante a segunda exposição, a memória do desafio anterior desencadeia uma resposta imunitária mais rápida.

Como os processos imunitários são estimulados por este agente, ocorre imunidade ativa.

Capítulo 13

Reação de hipersensibilidade

Reacções de hipersensibilidade Um estado de reatividade alterada em que o corpo reage com uma resposta imunitária exagerada a um agente estranho.

Existem quatro tipos de reacções de hipersensibilidade:

1-Reacções do tipo I (anafiláticas) . Desgranulação de mastócitos mediada por IgE -> resposta anafiláctica aguda

2Reacções de tipo II (citotóxicas) . Tipo II : IgG / IgM nas células -> c' lise ou ADCC

3-Reacções de tipo III (complexos imunes) Complexos imunes -> c'
ativação, inflamação

4-Reacções do tipo IV (mediadas por células) T DTH activam macs -> inflamação crónica

Reacções de tipo I (anafiláticas)

*Ocorre poucos minutos após a exposição ao antigénio

*Os antigénios combinam-se com os anticorpos IgE

*O IgE liga-se aos mastócitos e basófilos, provocando a sua desgranulação e a libertação de vários mediadores:

*Histamina: Dilata e aumenta a permeabilidade dos vasos sanguíneos (inchaço e vermelhidão), aumenta a secreção de muco (corrimento nasal), contração do músculo liso (brônquios).

*Prostaglandinas: Contração do músculo liso do sistema respiratório e aumento da secreção de muco.

*Leucotrienos: Espasmos brônquicos.

*Choque anafilático: queda maciça da tensão arterial. Pode ser fatal em minutos.

mediadores primários nos grânulos de mast / baso

*histamina

*serotonina ~ efeitos da histamina

*heparina - anticoagulante

*Os factores quimiotácticos recrutam eos e neutrófilos

mediadores secundários efectuados posteriormente

*Metabolitos do ácido araquadónico (PG, LT)

*Factores de ativação plaquetária (PAF)

*Bradicininas .

Reacções de tipo II (citotóxicas)

*Envolvem a ativação do complemento pela ligação de IgG ou IgM a uma célula antigénica.

*A célula antigénica é lisada.

*Reacções de transfusão:

*Sistema de grupos sanguíneos ABO : O tipo O é o dador universal. As células incompatíveis do dador são lisadas quando entram na corrente sanguínea.

*Sistema de grupos sanguíneos Rh: 85% da população é Rh positivo. Aqueles que são Rh negativos podem ser sensibilizados para destruir as células sanguíneas Rh positivas.

*Doença hemolítica do recém-nascido: as células fetais são destruídas por anticorpos maternos anti-Rh que atravessam a placenta.

Reacções de Tipo III (Complexo Imunitário)

*Envolvem reacções contra antigénios solúveis que circulam no soro.

*Geralmente envolve anticorpos IgA.

*Os complexos imunes anticorpo-antigénio depositam-se nos órgãos, activam o complemento e causam lesões inflamatórias.

*Glomerulonefrite: lesão inflamatória dos rins.

*Ocorre quando está presente uma relação antigénio-anticorpo ligeiramente elevada.

Hipersensibilidade de tipo IV (DTH)

*Rx diferido vs. imediato

*IR mediada por células; NÃO há Abs envolvidos

*Rx localizado no local do encontro Ag

*Hipersensibilidade de tipo IV - Hipersensibilidade de tipo retardado.

Capítulo 14

Componente do sistema imunitário Células do sistema imunitário

Células imunitárias e outras células sanguíneas produzidas na medula óssea - todas são descendentes de células estaminais auto-renováveis

Origem e derivados dos componentes imunitários

As células têm origem na medula óssea.
- Surgem a partir de células estaminais hematopoiéticas pluripotentes. (HSCs)
- As HSC dão origem a células precursoras que são progenitores mielóides e progenitores linfóides comuns.
- Os progenitores mielóides dão origem a granulócitos, macrófagos, células dendríticas e mastócitos
Os progenitores linfóides comuns dão origem a linfócitos, células dendríticas e células NK.
- Existem mais progenitores mieloides na medula óssea do que progenitores linfóides.

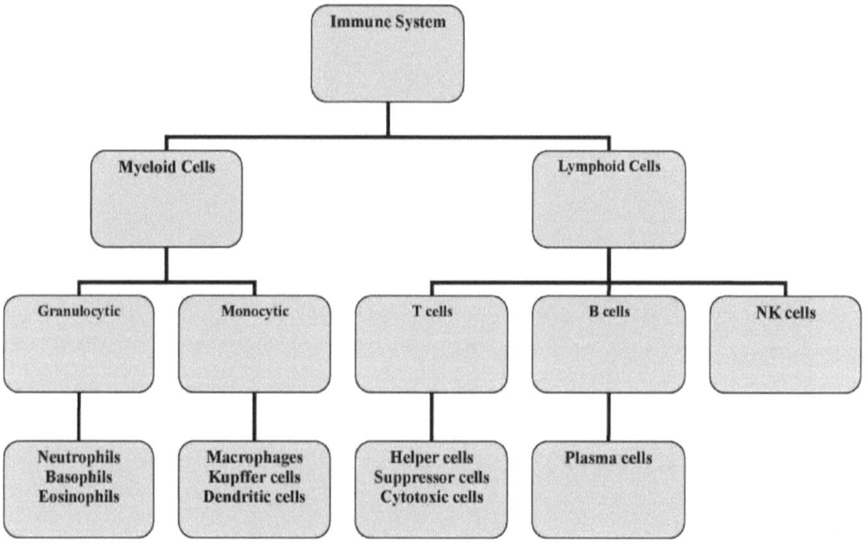

***Granulócitos ou leucócitos polimorfonucleares (PMN)**

*Envolvem estes corpos estranhos e degradam-nos utilizando as suas poderosas enzimas.

*Estas células são importantes na remoção de bactérias e parasitas * Os granulócitos são compostos por três tipos de células: Neutrófilos Eosinófilos Basófilos

*Um grupo de glóbulos brancos é coletivamente designado por granulócitos ou

leucócitos polimorfonucleares (PMN).

1. neutrófilos

Os neutrófilos são os glóbulos brancos mais abundantes, constituindo 60 a 70% dos leucócitos em circulação. Defendem-se contra infecções bacterianas ou fúngicas. São normalmente os primeiros a responder à infeção microbiana; a sua atividade e morte em grande número forma pus. São normalmente designados por leucócitos polimorfonucleares (PMN), embora, no sentido técnico, PMN se refira a todos os granulócitos.

*Factores hemotácticos

* Extravasamento

* Leucocitose

*Fagocitário e bactericida.

* Desempenha um papel importante na resposta inflamatória.

* São as primeiras células a chegar ao local da infeção.

* Circulam durante 7-10 h antes da migração para o tecido; vivem 2-4 dias no tecido.

*Os neutrófilos constituem 50-70% dos leucócitos em circulação.

2. eosinófilos

Os eosinófilos representam cerca de 2 a 4% do total de leucócitos. Essa contagem varia ao longo do dia, sazonalmente e durante a menstruação. Aumenta em resposta a alergias, infecções parasitárias, doenças do colagénio e doenças do baço e do sistema nervoso central. São raros no sangue, mas numerosos nas membranas mucosas dos tractos respiratório, digestivo e urinário inferior

A libertação inadequada do seu conteúdo granular pode causar danos nas células hospedeiras, levando à remodelação das vias aéreas* (fibrose) em muitos casos.

*Os eosinófilos estão associados a doenças alérgicas.
*A libertação do conteúdo dos grânulos eosinofílicos pode danificar a membrana do parasita.

*São células não fagocíticas. 1% dos leucócitos circulantes.

*Apresenta Ag às células T do organismo.

* Importante nas defesas antiparasitárias.

*Os eosinófilos constituem 1-3% dos leucócitos em circulação.

3. basófilos

Os basófilos são os principais responsáveis pela resposta alérgica e antigénica, libertando a substância química histamina que provoca a dilatação dos vasos sanguíneos. Como são os glóbulos brancos mais raros (menos de 0,5% da contagem total) e partilham propriedades físico-químicas com outras células sanguíneas, são difíceis de estudar

Após a re-exposição ao alergénio, este liga-se à IgE na superfície dos basófilos, resultando em degranulação.

- Quando um indivíduo é exposto a um alergénio, é produzida IgE específica. Este IgE liga-se à superfície dos basófilos.

- Os basófilos possuem receptores Fc para IgE (FceRs)

- Libertam os seus grânulos (que contêm histamina, serotonina, heparina, prostaglandina, etc.) na corrente sanguínea após a exposição a alergénios específicos.

- Desempenham um papel importante na resposta alérgica.

CÉLULAS DE MASTRO

- O TNF é produzido e armazenado no citoplasma dos mastócitos e pode ser libertado rapidamente após a ativação dos mastócitos

*Produzem uma variedade de citocinas.
*Desempenham um papel muito importante no desenvolvimento da resposta alérgica.
* Os mastócitos possuem receptores Fc para IgE (FceRs) e contêm grânulos citoplasmáticos.
*Os mastócitos são libertados da medula óssea como células precursoras indiferenciadas e não se diferenciam até entrarem nos tecidos (pele, tecido conjuntivo, epitélio das mucosas, etc.)

CÉLULA ASSASSINA NATURAL

*As células assassinas naturais constituem 5-10% dos linfócitos do sangue periférico humano.

* Desempenham um papel importante na citotoxicidade celular.

* Desempenham também um papel importante na resposta imunitária inata.

Monócitos

Os monócitos, o maior tipo de leucócitos, partilham a função de "aspirador" (fagocitose) dos neutrófilos, mas têm uma vida muito mais longa, uma vez que têm um papel adicional: apresentam pedaços de agentes patogénicos às células T para que estes possam ser novamente reconhecidos e mortos.

*Circulam no sangue. Macrófagos

*Circulam nos tecidos. Os macrófagos são derivados da medula óssea e têm uma variedade de funções na resposta imunitária.

*Fagocitose.

*Secreção de citocinas

CÉLULAS DENDRÍTICAS

*Origina-se na medula óssea·

*Funcionam como células apresentadoras de antigénios (APC).

- Quatro tipos de células dendríticas: - Células de Langerhan Células dendríticas intersticiais Células mielóides Células dendríticas linfóides

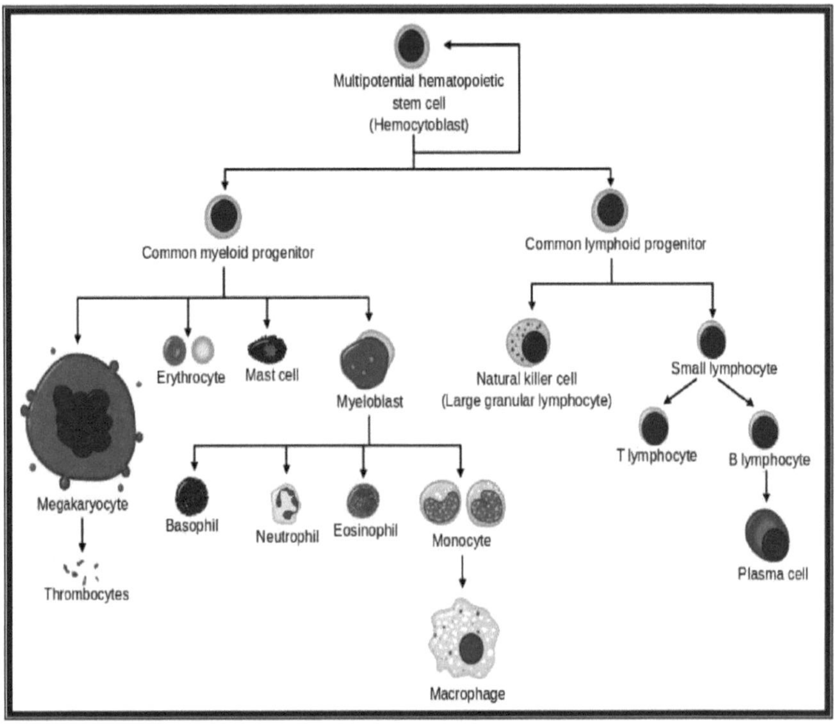

Figura 23. Células imunitárias e outras células sanguíneas produzidas na medula óssea - todas são descendentes de células estaminais auto-renováveis.

Capítulo 15

Tipos de células imunitárias: princípios e funções:

Existem várias células que contribuem para a imunidade e para as defesas do hospedeiro e que diferem nas suas caraterísticas, na sua origem e na sua função.

1) **os linfócitos** provêm de uma linhagem distinta de células estaminais e são responsáveis pela resposta adaptativa; **2) as células apresentadoras de** antigénios são capazes de levar os antigénios aos linfócitos para iniciar a resposta adaptativa; e **3) as células efectoras** matam efetivamente os micróbios quando a resposta adaptativa está em curso.

1) Linfócitos:

FUNÇÕES:

1-Os linfócitos são as únicas células do corpo que são capazes de que reconhecem antigénios específicos através de uma série de receptores altamente específicos.

2-Os linfócitos desenvolvem-se a partir de células estaminais na medula óssea e diferenciam-se em três populações de células que são importantes nas respostas imunitárias: células B, células T e células assassinas naturais (NK).

As células 3-B são as únicas células capazes de produzir anticorpos e são as células que medeiam a imunidade humoral. Por outro lado, as células T estão envolvidas na imunidade mediada por células.

4-As células T superiores segregam citoquinas que ajudam as células B a montar uma respostas de anticorpos e ajudam os macrófagos a matar os micróbios fagocitados.

5-As células T citotóxicas matam diretamente as células infectadas. Como as células T citotóxicas,

As células NK também matam células infectadas ou danificadas, mas têm receptores que são
muito menos específico.

6-As células NK são consideradas parte da imunidade inata, enquanto as células B e T
participam na imunidade adaptativa.

MATURAÇÃO: Células B e células T

1-Maduro na medula óssea e no timo, respetivamente.

2-A medula óssea e o timo são considerados "órgãos linfóides primários". Durante este processo de maturação, ocorrem alterações aleatórias nas regiões do ADN que codificam os receptores de antigénios para cada célula B e T em desenvolvimento. Assim, quando uma célula B ou T atinge a maturidade, terão ocorrido mutações no seu ADN que permitem que os seus receptores de antigénios reconheçam um único antigénio com uma especificidade muito elevada.

3-O resultado líquido é uma população de linfócitos maduros que podem reconhecer milhões de antigénios diferentes. (É claro que, neste processo de maturação das células B e T, são produzidos aleatoriamente alguns receptores que reagem contra antigénios próprios. Na maior parte dos casos, estes linfócitos auto-reactivos são mortos ou "eliminados" da população total de linfócitos.

3-Este processo é designado por auto-tolerância porque garante que não produzimos linfócitos que reagem contra os nossos próprios antigénios e que o nosso sistema imunitário "tolera" as nossas próprias células. As falhas no processo resultam em doenças auto-imunes, que serão descritas mais tarde nas secções sobre hipersensibilidade e autoimunidade).

2) Células apresentadoras de antigénios:

FUNÇÕES: 1 - A principal função das células apresentadoras de antigénios (APC) é captar e mostrar os antigénios aos linfócitos.

2-A maioria das APCs estão localizadas na periferia, onde pesquisam os tecidos para antigénios.

3 - Ao contrário dos linfócitos, que reconhecem antigénios muito específicos, uma APC tem receptores que reconhecem classes amplas de antigénios microbianos.

4 - Quando estimulados, estes receptores provocam a endocitose do antigénio estimulante.

5-Esta situação dá início a várias respostas da APC que ocorrem em simultâneo: a APC apresenta o antigénio na sua superfície através de moléculas MHC II; a APC sintetiza moléculas que facilitam a sua migração para a linfa e para um gânglio linfático local; a APC sintetiza e apresenta moléculas adicionais na sua superfície que actuarão como co-activadores de linfócitos no gânglio linfático.

6-A célula apresentadora de antigénios mais bem compreendida é a célula dendrítica.

7-Outras células do corpo que possuem as moléculas especiais MHC II necessárias para apresentar antigénios endocitados são os macrófagos e as células B. Assim, os macrófagos e as células B também podem atuar como células apresentadoras de antigénios.

3) Células efectoras:

FUNÇÕES:

1-As células que realmente eliminam o micróbio são chamadas células efectoras.

2 - Este grupo é constituído por linfócitos activados e outros leucócitos. As células T auxiliares activadas estimulam os macrófagos a matar os micróbios endocitados; as células T citotóxicas activadas e as células NK matam diretamente as células infectadas; os plasmócitos (células B que segregam anticorpos) segregam anticorpos que visam a destruição dos antigénios.

3-Os leucócitos não linfóides, como os macrófagos e os granulócitos, participam na eliminação de micróbios, tanto na resposta imunitária inata como na adaptativa.

Capítulo 16

Complexo de Histocompatibilidade Major
MHC (Complexo principal de histocompatibilidade) :
Um grande conjunto de genes ligados, localizados em algum cromossoma do ser humano ou de outros mamíferos, codificam para a MHS e estão relacionados com a rejeição de aloenxertos, a resposta imunitária, a regulação imunitária e o reconhecimento célula-célula.

- Conjunto de genes presentes em todos os mamíferos No MHC humano é
- Encontrado no cromossoma 6 Referido como complexo HLA
- Nos ratinhos, o MHC encontra-se no cromossoma 17, designado por complexo H-2

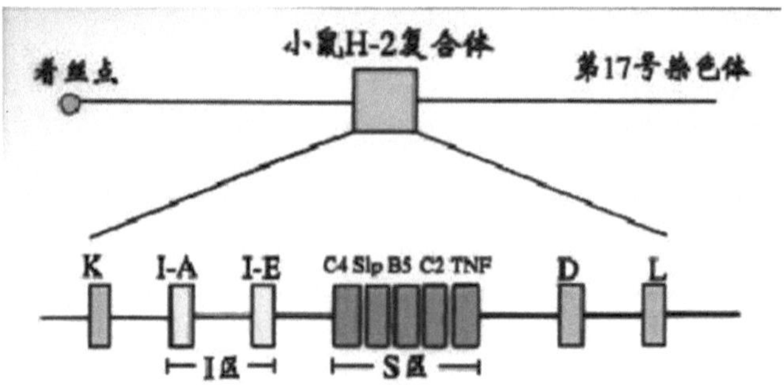

Figura 24. Nos ratinhos, o MHC encontra-se no cromossoma 17, designado por complexo H-2

Polimorfismo significa que existem múltiplos alelos num locus genético do MHC numa população, pelo que um indivíduo pode ter um alelo variante. Codominância de alelos múltiplos: Os dois alelos de um locus genético do MHC nos dois cromossomas homogéneos são expressos em conjunto.

Genes do MHC organizados em 3 classes :
Genes do MHC organizados em 3 classes

MHC de classe I, II e III :-:
MHC de classe I, II e III: - Genes MHC de classe I encontrados nas regiões A, B e C em seres humanos (K e D em ratos). Os genes do MHC de classe II encontram-se nas regiões DR, DP e DQ (IA e IE nos ratinhos). Os MHC de classe I e de classe II partilham caraterísticas estruturais e estão ambos envolvidos na APC. Os MHC de classe III não têm

Semelhança estrutural com as classes I e II Ex. TNF, proteínas de choque térmico, componentes do complemento

Estrutura do MHC I e do MHC II :-:
Estrutura do MHC I e do MHC II :-

MHC classe I :-:
3 Altamente conservado entre as moléculas do MHC I Interage com a molécula CD8 (T C) α 2 Forma uma fenda de ligação ao péptido Adapta-se a um péptido com cerca de 8-10 a/a de comprimento α 1 e α 3 α 2 -micro-globulina Semelhante a β 3) α 2 e α 1, Cadeia α constituída por 3 domínios (α 2 -micro-globulina (12 kDa) Não associados covalentemente entre si. Cadeia β (45 kDa), transmembrana αMHC classe I :- Constituída por 2 moléculas: -

MHC classe II :-:
2 domíniosβ 2/ α Foi demonstrado que o heterodímero CD4 Dimeriza a molécula CD4 Liga-se a β e α 1 Forma a fenda de ligação ao antigénio β 1e a cadeia α) β 2 (cadeia β 1 e β) α 2 (cadeias α 1 e α constituídas por domínios β e α associam-se de forma não covalente à cadeia β e às cadeias α β e αMHC classe II :- Constituída por

Especificidade de classe I e II:- :
Especificidade de classe I e II:- Foram identificadas várias centenas de variantes alélicas nos seres humanos Até 6 moléculas MHC I e 12 moléculas MHC II são expressas num indivíduo É necessário apresentar um grande número de péptidos utilizando estas moléculas MHC para realizar esta tarefa As moléculas MHC não são muito específicas para os péptidos. Ocorre uma ligação promíscua Um péptido pode ligar-se a vários MHC Uma molécula MHC pode ligar-se a vários péptidos

Péptidos MHC de classe I:-
Péptidos MHC de classe I :-

1- Os peptídeos apresentados através do MHC I são proteínas endógenas com apenas 100

2- O complexo péptido/MHC pode ativar o T C 3- O péptido apresenta um tamanho de 8-10 a/a.

4- Os péptidos ligam-se ao MHC devido à presença de a/a específicos encontrados em

5- 4-As extremidades do péptido. Ex. Glicina na posição 2

Péptidos MHC de classe II:- :
Péptidos MHC de classe II:-

1- Os péptidos apresentados através do MHC II são exógenos Processados através da via endocítica .

2- Os péptidos são apresentados ao T H .

3- Os péptidos são 13-18 a/a mais longos.

4- Os péptidos podem ainda ligar-se ao MHC II MHC I .

5- Os péptidos encaixam exatamente, o que não é o caso dos péptidos MHC II.

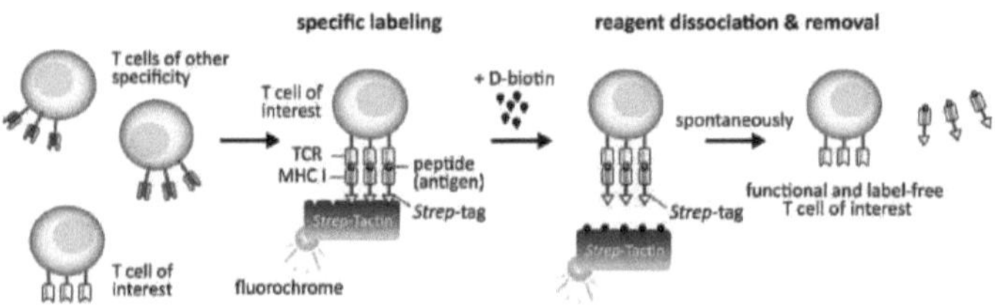

Expressão do MHC:-:

1- TNF aumenta a expressão do MHC Factores de transcrição que aumentam a expressão do gene MHC CIITA (transactivador), RFX (transactivador)

2- Alguns vírus diminuem a expressão do MHC CMV, HBV, Ad12
A redução do MHC pode permitir a evasão do sistema imunitárioγ , IFN

β , IFN αExpressão do MHC: - A expressão é regulada por muitos Citocinas IFN.

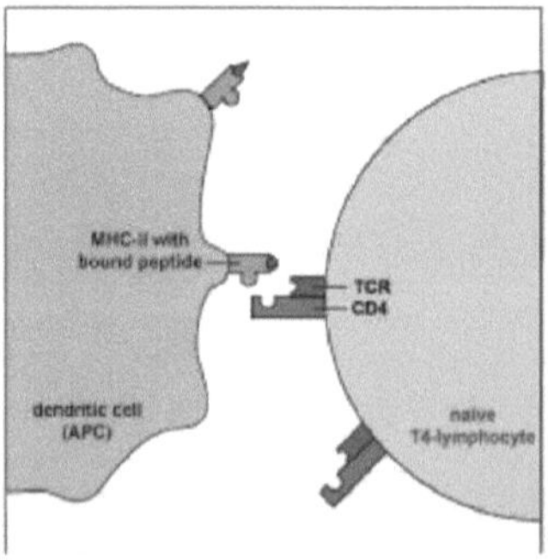

Diferença entre MHC I e MHC II:

Diferença entre MHC I e MHC II

1- MHC Classe I MHC Classe II Nomenclatura HLA-A, HLA-B, HLA-C HLA-DP,

HLA-DQ, HLA-DR Presente em todas as células somáticas nucleadas

2- Macrófagos, células B, células dendríticas, reconhecidas pelas células CD8 TC e células CD4 TH Funções Apresentação do Ag às células TC, levando à eliminação do tumor ou da célula hospedeira infetada Apresentação do Ag às células TH que segregam citocinas

Via endógena e via exógena :

Via endógena e exógena

1- A via de apresentação do MHC de classe I é frequentemente designada por via endógena.

2- Os antigénios apresentados pelas moléculas de classe II provêm de proteínas extracelulares. Por conseguinte, a via de apresentação de antigénios dependente do MHC de classe II é denominada via exógena.

Função da molécula MHC:

Função da molécula MHC :-

1-MHC I apresentam o antigénio às células TC, levando à eliminação do tumor ou célula hospedeira infetada.

2-MHC II apresentam o antigénio às células TH que segregam citocinas.
Produção de HLA .

3-Os genes MHC controlam a produção de antigénios localizados nas células nucleadas, como os linfócitos.

4- Estes antigénios são designados por antigénio leucocitário humano ou antigénios de rejeição do enxerto ou antigénios de transplante.

6- Controlo dos níveis do componente do complemento.

Referências:

Brooks G.F, J.S. Butel e S.A. Morse. (2007). Jawetz. Melnick and Adelberg's Medical Microbiology. 24th ed, McGraw-Hill.

Choudhury D, Raj D.S.D e Palmer B. (2000). Effect of Aging on Renal Function and Disease (Efeito do envelhecimento na função e doença renal). Em Brenner B.M. (Ed.), Brenner and Retor's the kidney (6th ed, 2187-2210). Philadelphia: W.B.Saunders.

Fadem, Stephen Z, M.D, Facp e Fasn (2008). Calculadoras para profissionais de saúde.

Fundação Nacional do Rim.

Fleetwood AJ, Cook AD e Hamilton JA.(2005). Funções do fator estimulador de colónias de granulócitos-macrófagos. Crit. Rev. Immunol.;25(5):405-428.

Goldsby, G, Kindt, B. e Obsorne, N. (2007). Imunologia de Kuby. 6th ed. W.H. Freeman Company.

Hamilton JA.(2002). GM-CSF na inflamação e autoimunidade. Trends Immunol. 23(8):403-408.

Janeway CA, Jr. (2001). Immunobiology. (5th ed.). Garland Publishing. ISBN 0-8153-3642-X. (texto integral eletrónico via NCBI Bookshelf).

Janeway, C.A, Travers, M.W, e Shlomcik, M.J. (2004). Immunobiology- the immune system in heath and disease, 6th ed. NY : Garland Science Publishing . 200.

Kelso, A. (1995). Subconjuntos Th1 e Th2: paradigmas perdidos? Immunol. Hoje, 16:374-379.

Levinson, W.(2008). Revisão de Microbiologia e Imunologia Médica; 10th ed. The McGraw-Hill companies. 672.

Lewis S.M. e B.J Bain. 2001. Dacie and Lewis, Practical Haematology. 9th ed, Churchill Livigstone: 447-477.

Lodish, H, Berk, A e Matsudaira, P. (2004). Molecular Cell Biology (5ª ed.). W. H. Freeman: NY.978-980.

Mims C, H.M. Dockrell, R.V. Goering e I. Roitt. (2004). Med. Microbiol. 3rd ed, Elsevier Limited.

Pier GB, Lyczak JB e Wetzler LM.(2004). Immunology, Infection, and Immunity (Imunologia, Infeção e Imunidade). ASM Press. ISBN 1-55581-246-5.

Rathinam V. A. K. e K. A. Fitzgerald. (2011). "Sensoriamento imunológico inato de vírus de DNA", Virologia, vol. 411, no. 2. 153-162.

Rubin E e Farber J.L.(1999). Pathology (3rd ed. 901). Philadelphia: Lippincott Williams & Wilkins.

Ryan, KJ, Ray, CG, eds. (2004). Sherris Medical Microbiology (4th ed.). McGraw Hill, ISBN 0-8385-8529-9.

Sinclair, D e Stevens, JM. (2007). "Papel dos anticorpos citoplasmáticos antineutrófilos e dos anticorpos da membrana basal glomerular no diagnóstico e monitorização das vasculites sistémicas". Ann. clin biochem. 44 (Pt 5): 432-42.

Springhouse .(2005). Professional Guide to Diseases.8th ed, Lippincott Williams and Wilkins.Isban;1:58255.370.

MIX
Papier aus verantwortungsvollen Quellen
Paper from responsible sources
FSC® C105338

Printed by Books on Demand GmbH, Norderstedt / Germany